Alexander Kowalski

Methanoxidation

Grundlagen und Umsetzung

Diplomica® Verlag GmbH

Kowalski, Alexander: Methanoxidation: Grundlagen und Umsetzung.
Hamburg, Diplomica Verlag GmbH 2012

ISBN: 978-3-8428-7800-6
Druck: Diplomica® Verlag GmbH, Hamburg, 2012

Bibliografische Information der Deutschen Nationalbibliothek:
Die Deutsche Nationalbibliothek verzeichnet diese Publikation in der Deutschen
Nationalbibliografie; detaillierte bibliografische Daten sind im Internet über
http://dnb.d-nb.de abrufbar.

Die digitale Ausgabe (eBook-Ausgabe) dieses Titels trägt die ISBN 978-3-8428-2800-1
und kann über den Handel oder den Verlag bezogen werden.

Dieses Werk ist urheberrechtlich geschützt. Die dadurch begründeten Rechte, insbesondere die der Übersetzung, des Nachdrucks, des Vortrags, der Entnahme von Abbildungen und Tabellen, der Funksendung, der Mikroverfilmung oder der Vervielfältigung auf anderen Wegen und der Speicherung in Datenverarbeitungsanlagen, bleiben, auch bei nur auszugsweiser Verwertung, vorbehalten. Eine Vervielfältigung dieses Werkes oder von Teilen dieses Werkes ist auch im Einzelfall nur in den Grenzen der gesetzlichen Bestimmungen des Urheberrechtsgesetzes der Bundesrepublik Deutschland in der jeweils geltenden Fassung zulässig. Sie ist grundsätzlich vergütungspflichtig. Zuwiderhandlungen unterliegen den Strafbestimmungen des Urheberrechtes.

Die Wiedergabe von Gebrauchsnamen, Handelsnamen, Warenbezeichnungen usw. in diesem Werk berechtigt auch ohne besondere Kennzeichnung nicht zu der Annahme, dass solche Namen im Sinne der Warenzeichen- und Markenschutz-Gesetzgebung als frei zu betrachten wären und daher von jedermann benutzt werden dürften.

Die Informationen in diesem Werk wurden mit Sorgfalt erarbeitet. Dennoch können Fehler nicht vollständig ausgeschlossen werden, und der Diplomica Verlag, die Autoren oder Übersetzer übernehmen keine juristische Verantwortung oder irgendeine Haftung für evtl. verbliebene fehlerhafte Angaben und deren Folgen.

© Diplomica Verlag GmbH
http://www.diplomica-verlag.de, Hamburg 2012
Printed in Germany

Inhalt

1 Einleitung — 1

1.1 Problemstellung — 1
1.2 Zielstellung — 2
1.3 Gesetzliche Rahmenbedingungen — 3

2 Thesen — 4

3 Grundlagen und Verfahren der Schwachgasbehandlung — 5

3.1 Deponiegasentwicklung — 5
3.2 Aktive Schwachgasbehandlung — 6
3.3 Passive Schwachgasbehandlung (Methanoxidation) — 11

4 Methanoxidation in der Oberflächenabdeckung — 16

4.1 Auswahl der Bodenart — 16
4.2 Aufbau der Methanoxidationsschicht — 23
4.3 Zentrale Methanoxidationsschicht — 24
4.3.1 Oberflächenabdeckung — 24
4.3.2 Deponiegasproduktion — 26
4.3.3 Messtechnische Erfassung der Emissionsrate — 29
4.3.4 Maßnahmen zur Behandlung von Schwachstellen — 34
4.3.5 Standsicherheit — 36
4.3.6 Aufbringung der Methanoxidationsschicht — 39
4.3.7 Kontrolle der Oxidationsleistung — 40

4.4 Dezentrale Methanoxidationsschicht — 41
4.4.1 Bestimmung der Oxidationsfläche — 41
4.4.2 Wahl eines geeigneten Systems — 50
4.4.3 Aufbringung der Methanoxidationsschicht — 55
4.4.4 Kontrolle der Oxidationsleistung — 55

5 Entscheidungskriterien für den Umstieg aktiv / passiv — 57

5.1 Ökonomische Aspekte — 57
5.1.1 Verkürzung des Nachsorgezeitraums — 57
5.1.2 Nachsorgefolgekosten — 58

5.2	**Technische Aspekte**	**59**
5.2.1	Technische Grenzen der Hochtemperaturfackel	59
5.2.2	Messtechnische Erfassung der Gaszusammensetzung	60

6　Kostenbetrachtung　61

7　Fallbeispiel　64

7.1	**Allgemeine Situation**	**64**
7.2	**Entgasungsparameter und HT - Fackel**	**65**
7.3	**Umsetzung eines Methanoxidationsverfahren**	**66**
7.3.1	Durchführungsvorschlag	66
7.3.2	Flächenauslegung	67
7.3.3	Kostenschätzung	68
7.3.4	Übersichtsplan	70

8　Schlusswort　71

Abbildungsverzeichnis　I

Tabellenverzeichnis　III

Quellenverzeichnis　V

Anlagenverzeichnis　X

Anlagen

1 Einleitung

1.1 Problemstellung

Deponiegas sind Gase aus verschiedenen Kohlenwasserstoff- und anorganischen Verbindungen. Die Hauptanteile bestehen aus Methan (CH_4) und Kohlendioxid (CO_2). Diese Anteile können bis zu 99,7% im Deponiegas ausmachen. In Spuren sind noch aggressive Stoffe wie Chlor, Fluor und Schwefel in unterschiedlichen Verbindungen enthalten. Diese Stoffe werden u.a. über Abfälle wie Schäume, Öle, Lacke, Gips, etc. eingetragen. Methan und Kohlendioxid entstehen durch den Umbau der leicht- bis mittelschwer abbaubaren Kohlenstoffe. Die schwerabbaubaren Kohlenstoffe werden in der Regel nicht, bzw. gering erfasst. Hier kann der Stoffwechselprozess hundert Jahre und mehr betragen. [Klaus Kröger, 2006] Weiterhin ist der ursprüngliche Gedanke der Nutzung des Energiegehaltes des Deponiegases mit sinkendem Heizwert nicht mehr gegeben. In der DepV §13 (5) wird als Kriterium für die Entlassung aus der Nachsorge der Nachweis über die weitestgehend abgeklungenen Umsetzungs- und Reaktionsvorgänge der biologischen Abbauprozesse angegeben. Aufgrund dieser Aussage kann der Nachsorgezeitraum bei Anwendung aktiver Entgasung viele Jahre in Anspruch nehmen. Um den Nachsorgezeitraum zu verkürzen und die Instandhaltungsmaßnahmen und die damit verbundenen Kosten zu reduzieren tritt die Methanoxidation immer mehr in den Vordergrund. Durch die gleichmäßige passive Entgasung über die Deponieoberfläche soll es das Ziel sein, dass die Deponie weitestgehend sich selber überlassen werden kann.

1.2 Zielstellung

In diesem Sinne ist das Ziel für diese Studie die Untersuchung der Einsatzmöglichkeit der Methanoxidation in der Oberflächenabdeckung. Es soll untersucht werden, unter welchen Vorraussetzungen und durch welche technischen Maßnahmen eine Methanoxidationsschicht zielführend ist und als Alternative zur aktiven Behandlung dient. Die möglichen Verfahren sind die zentrale und dezentrale Methanoxidation. Bezogen auf diese Möglichkeiten der Ausführung soll ein qualitativer und quantitativer Vergleich erfolgen um sowohl ökonomisch als auch emissionsbezogen die bestmögliche Schwachgasbehandlung zu finden.

Zur Gewinnung der dazu erforderlichen Erkenntnisse wird eine ausführliche Literaturrecherche in den entsprechenden Gebieten durchgeführt. In diesem Zusammenhang werden auch bereits vorhandene Versuche und vorliegende Messwerte herangezogen um einen Praxisbezug herzustellen.

Einleitung

1.3 Gesetzliche Rahmenbedingungen

Nach der Abfallablagerungsverordnung und Deponieverordnung sollte die Ablagerung unbehandelter organikreicher Siedlungsabfälle zum 01.06.2005 beendet werden. Mit der EU-Deponierichtlinie vom 16.07.1999 wurden erstmals einheitliche Standards für Deponien bzw. für das Ablagern von Abfällen in Europa geschaffen. Zur Umsetzung in deutsches Recht trat am 01.03.2001 die Abfallablagerungsverordnung und am 01.08.2002 die Deponieverordnung in Kraft. Zeitgleich zur AbfAblV erschien die 30.BImschV. Am 16. Juli 2009 ist die neue, "integrierte" oder "vereinfachte" Deponieverordnung in Kraft getreten. Zeitgleich sind die bis dahin nebeneinander gültigen Verordnungen zu Deponien, die AbfablV, DepVerwV und die alte DepV sowie die damit noch verknüpften alten Verwaltungsvorschriften TA Abfall, TASi und die erste allg. VwV über Anforderungen zum Schutz des Grundwassers bei der Lagerung und Ablagerung von Abfällen (1990), außer Kraft getreten. [Bernd Engelmann, 2003].

Für den Bereich der Methanoxidation liegen momentan noch keine direkten gesetzlichen Angaben vor. Im Sinne der DepV liegt die Regelung der Anwendung der Methanoxidationsschicht in der Gewalt der zuständigen Behörde. *„ Soll die Rekultivierungsschicht zugleich Aufgaben einer Methanoxidation von Restgasen übernehmen, sind zusätzliche Anforderungen an die Schicht mit der zuständigen Behörde abzustimmen."*

2 Thesen

- In Bezug auf die Reaktionskinetik von Böden sind mehrere Bodenparameter zu beachten. Dabei wurden auf Grundlage empirischer Ermittlungen Abbauraten über $10\ l\ CH_4/(m^2\ h)$ nachgewiesen. Unter Verwendung solcher Werte kann es jedoch zu Fehleinschätzungen der Emissionssituation an der Deponieoberfläche durch einen Verdünnungseffekt kommen.

- Die Methanoxidation als Alternative zur aktiven Schwachgasbehandlung führt nicht zwingend zu einer Verkürzung der Nachsorgezeit. Die Entlassung aus der Nachsorge liegt weiterhin in der Befugnis der zuständigen Behörde. Trotzdem können durch diese die Nachsorgekosten erheblich reduziert werden.

- Um Wasserhaushalteigenschaften zu gewährleisten, muss eine Schichtdicke von mindestens 1 m eingehalten werden. Dadurch bleiben die Investitionskosten der zentralen Methanoxidation mit sinkendem Methangehalt konstant. Im Gegensatz dazu verringern sich die Investitionskosten der dezentralen Methanoxidation mit sinkendem Methangehalt.

- Aus emissionsseitiger Sicht stellt die dezentrale Methanoxidation im Gegensatz zur zentralen die bessere Alternative dar. Bei dieser erfolgt durch das gezielte Ableiten des Gases durch Gasrohre in eine definierte Fläche eine homogene Ausbreitung. Der Gasaustritt aus der Deponieoberfläche ist eher inhomogen und dadurch nicht eindeutig quantifizierbar.

- Als Grundlage für die Bestimmung der austretenden Emissionen sind nur Konzentrationen messbar. Ganzflächige Emissionsraten sind aufwendig zu bestimmen. Die Gasaustritte aus den Gasbrunnen können auf Grundlage der Entgasungsparameter der aktiven Entgasung bestimmt werden, wodurch eine relativ genaue Aussage getroffen werden kann.

3 Grundlagen und Verfahren der Schwachgasbehandlung

3.1 Deponiegasentwicklung

Deponiegas entsteht durch biochemische Abbauprozesse von organischen Verbindungen und Materialien im Müllkörper (Abbildung 2 [Christoph Lampert, Elisabeth Schachermeyer, 2008]). Dabei verändert sich im zeitlichen Verlauf die Zusammensetzung des Gases. Rettenberger wertete die Ergebnisse von Gasmessungen an 84 Altablagerungen aus dem gesamten Bundesgebiet aus und erkannte, dass die Gasentwicklung in sechs typische *Gasphasen* unterteilt wird.

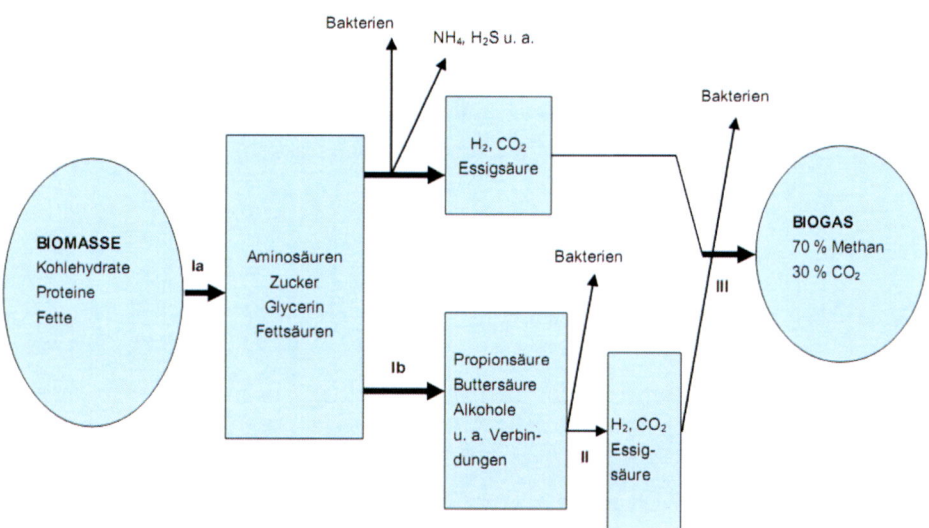

Abbildung 1 Biochemische Vorgänge der Biogasentstehung

Diese Gasphasen schließen sich zeitlich an die von Farquhar et al. beschriebenen Anfangsstufen der Gasentwicklung für verdichtete Deponien an, wobei die Phase IV nach Farquhar und die Phase I nach Rettenberger identisch sind [13]. Im Laufe der Zeit der Deponiegasentwicklung, seit Stilllegung der Deponien, geht die Gasmenge stark zurück und der Anteil an brennbaren Komponenten (Methan) verringert sich dementsprechend und vermischt sich mit nicht brennbaren. Das Gasgemisch weist mit der Zeit einen reduzierten Heizwert (unter 8,5 MJ/m^3) auf, was einer Methankonzentration von ca. 24% entspricht [Rettenberger/Stegmann 2009]. Wenn dieser Zustand erreicht ist, spricht man von Deponieschwachgas.

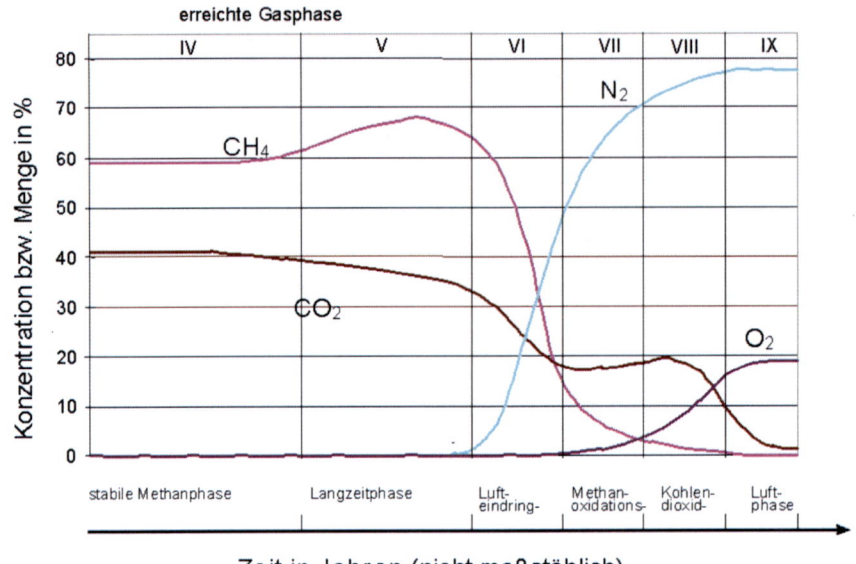

Abbildung 2 Deponiegasphasen nach Rettenberger

3.2 Aktive Schwachgasbehandlung

Die aktive Entgasung erfolgt durch gezieltes Absaugen der installierten Gasbrunnen. Die Entgasung hat so zu erfolgen, dass das Wohl der Allgemeinheit durch deponieseitige Emissionen nicht weiter beeinträchtigt wird. Durch die geringen Methangehalte können herkömmliche Hochtemperaturfackeln nicht genutzt werden. Diese sind in der Regel für Methangehalte >30% ausgelegt. Darunter wird die erforderliche Mindesttemperatur von 1000°C nicht erreicht. Ein Unterschreiten dieses Wertes führt zu zusätzlichen Emissionen, beispielsweise PCDD/F. Für die Schwachgasbehandlung stehen mehrere Möglichkeiten zur Verfügung. Dabei können unterschiedliche Methangehalte abgebaut werden.

Grundlagen und Verfahren der Schwachgasbehandlung

Verfahren	Methangehalte [Vol.-%]
Schwachgasfackel	10 – 50
Kohlenwasserstoff – Converter	12 - 65
Wirbelschichtfackel	7 - 40
Vocsi-Box	0 - 27
modifizierte Schwachgasfackel	20 - 60

Tabelle 1 Leistung verschiedener aktiver Schwachgasverfahren bezogen auf den Methangehalt

Schwachgasfackeln von Haase oder C - Nox können Deponiegas ohne Stützgas bis 10 Vol.-% Methan verbrennen. Dies erfolgt durch eine regenerative Vorwärmung der Verbrennungsluft mittels Abgas – Luft – Wärmetauscher (Abbildung 4) [W.H. Stachowitz, 2008]. Für die *Vocsi-Box* (Abbildung 5) wird zum Anfahren der Anlage eine Elektroheizung eingesetzt, damit das Oxidationsbett bis ca. 700 – 800 °C aufgeheizt werden kann. Mit energiereichem Gas, zum Beispiel Propan, kann im Anschluss die erforderliche Temperatur bis ca. 1.200 °C erzielt werden. Durch eine geforderte Mindesttemperatur im Reaktionsbett wird die Selbstentzündung des Gases sichergestellt. Mit einem Gebläse wird dem Deponiegas Umgebungsluft zugemischt. Der wichtigste Bestandanteil der Vocsi-Box ist das Reaktionsbett, welches aus einem keramischen Material gefertigt ist. In dem Reationsbett werden die Schadgasanteile des Schwachgases bei Temperaturen bis zu 1.200 °C oxidiert. [R. Kahn, 2000]

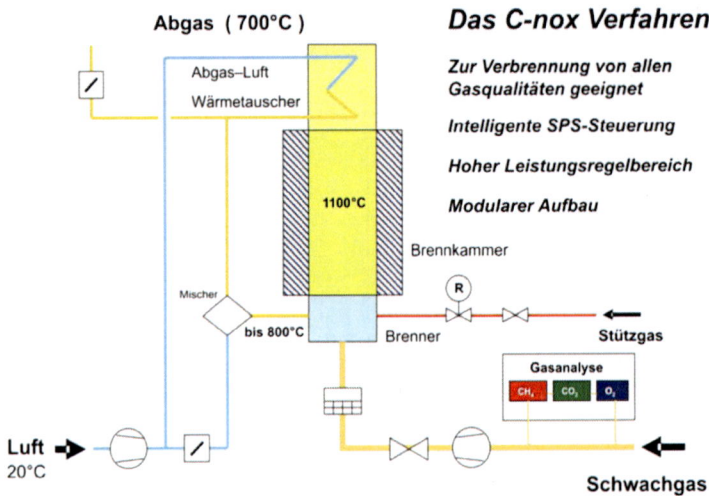

Abbildung 3 Verfahrensschema für die Verbrennung von Schwachgasen mit der Schwachgasfackel

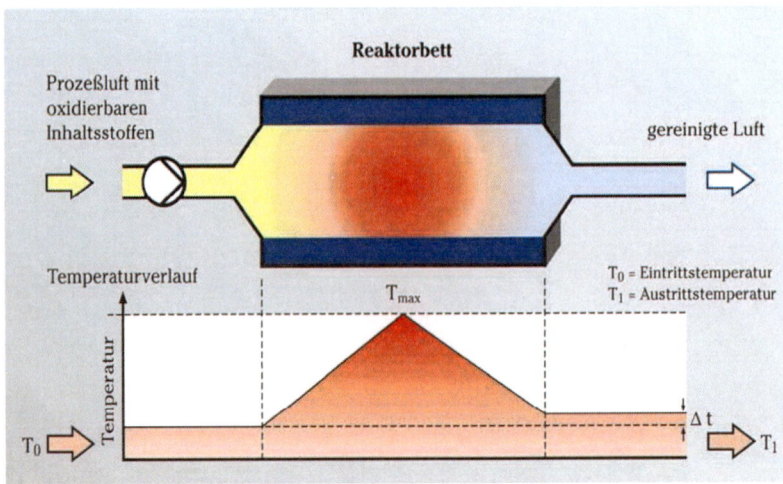

Abbildung 4 Verfahrensschema für die Behandlung von Schwachgasen mit der Vocsi - Box

Grundlagen und Verfahren der Schwachgasbehandlung

Bei der *Wirbelschichtfackel* (Abbildung 6) handelt es sich um eine Verbrennung der Restgase in einer Wirbelschicht. Die von einem Gebläse geförderte Verbrennungsluft wird von unten in den Reaktor eingeführt und gleichmäßig auf den Reaktorquerschnitt verteilt. Die Wirbelschicht besteht zum Beispiel aus Sand und wird durch den Düsenboden getragen. Zum Betrieb der Wirbelschichtfeuerung ist es erforderlich, die Schicht durch einen Anfahrbrenner auf ein genügend hohes Temperaturniveau zu bringen. Es ist auf streng kontinuierlichen Brennstoffeintrag zu achten, um einen konstanten Verbrennungsvorgang / Emissionswerte gewährleisten zu können. Ein entscheidender Vorteil ist, dass die zur Verbrennung eingesetzten Stoffe flammenlos verbrannt werden können. [Rettenberger/Stegmann 2003]

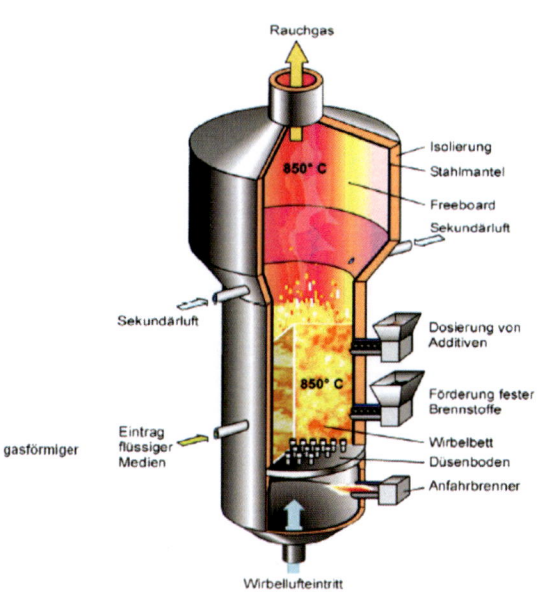

Abbildung 5 Wirbelschichtfackel

Der *Kohlenwasserstoff – Converter* (CHC) (Abbildung 7) stellt eine Lösung für Deponien mit einem Methangehalt von über 12% dar. Bei dem Verfahren erfolgt eine vollständige Vermischung des Gases mit einem hohen Sauerstoffüberschuss, wodurch es zu einer nahezu vollständigen Verbrennung der Kohlenwasserstoffe kommt. Das Gas-Luft-Gemisch läuft durch ein permeables, gestricktes Metallgewebe, an dessen Oberfläche die Verbrennung stattfindet. [Hans Eschey, Roland Haubrichs, 2007]

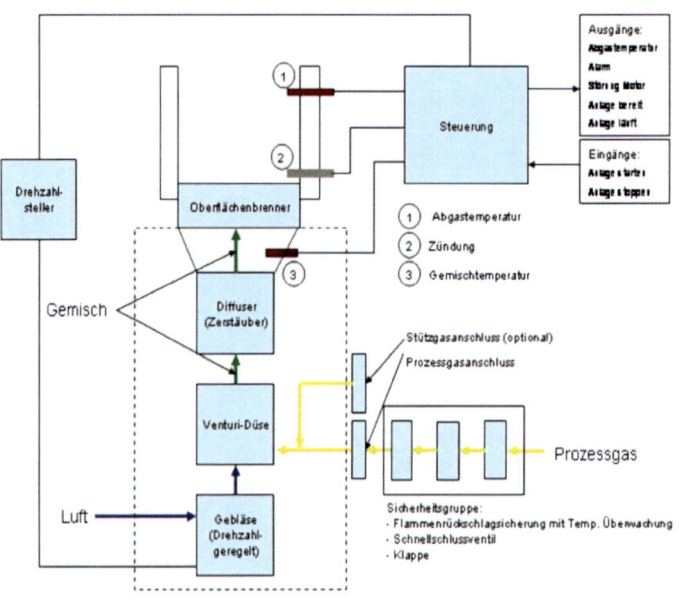

Abbildung 6 Verfahrensschema CHC

Die Nachteile der aktiven Schwachgasbehandlung sind die damit verbundenen hohen Betriebskosten und Wartungsmaßnahmen. Für die Schwachgasfackel mit einer Leistung von 3 – 5 kWh, bei einem Preis pro kWh von 0,18 € fallen rund 7000 € jährlich für die Stromversorgung an. Die Anlagenleistung für die Vocsi - Box unterteilt sich in die Leistung für den Luftverdichter mit 15 kWh, den Gasverdichter mit 3 kWh, die Nebenanlagen mit 2 kWh und die Elektroheizung mit 15 kWh . Die Elektroheizung wird jedoch nur bei Störungen für 24 h eingeschaltet. Dafür ergeben sich ca. 29.000 € jährlich. Zusätzlich kommen Deponiegasuntersuchungen, Kondensatanalysen, Emissionsmessungen an den Verbrennungsanlagen und Gassammelstationen sowie Wartungen und Reparaturen hinzu.

Grundlagen und Verfahren der Schwachgasbehandlung

3.3 Passive Schwachgasbehandlung (Methanoxidation)

Der Begriff Methanoxidation beschreibt im Wesentlichen den entgegengesetzten Prozess der Methanogenese, nämlich den Methanabbau durch methanotrophe Bakterien. Dieser Vorgang ist obligat aerob, wobei für 1mol Methan 2mol Sauerstoff benötigt werden. Der Prozess ist anfangs endotherm, d.h dass eine gewisse Aktivierungsenergie benötigt wird. Der Hauptprozess ist jedoch exotherm, d.h dass pro Mol Methan 210,8 kcal frei gesetzt werden. Die Methanoxidation läuft über die in Abbildung 8 dargestellten [M. Humer und P. Lechner] Prozesse ab.

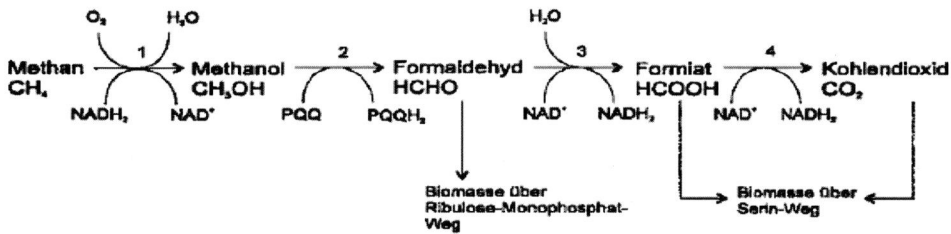

Abbildung 7 Reaktionsablauf Methanoxidation

Die Methanoxidation ist ein biologischer Prozess, welcher durch die Umsetzung des Methans durch methanotrophe Bakterien erfolgt. Methanotrophe Bakterien nutzen Methan als ihre einzige Kohlenstoffquelle, benötigen einen bestimmten Temperaturbereich, einen gewissen Gehalt an Nährstoffen und Sauerstoff. Die Versorgung oder Bereitstellung von Methan und Sauerstoff ist zum größten Teil vom Wassergehalt abhängig, da ein Übergang von der Gasphase über die Wasserphase zum Biofilm, wo sich die Bakterien ansiedeln, erfolgen muss (Abbildung 9 [Dr. Rodrigo, A. Figueroa, 1998]).

Grundlagen und Verfahren der Schwachgasbehandlung

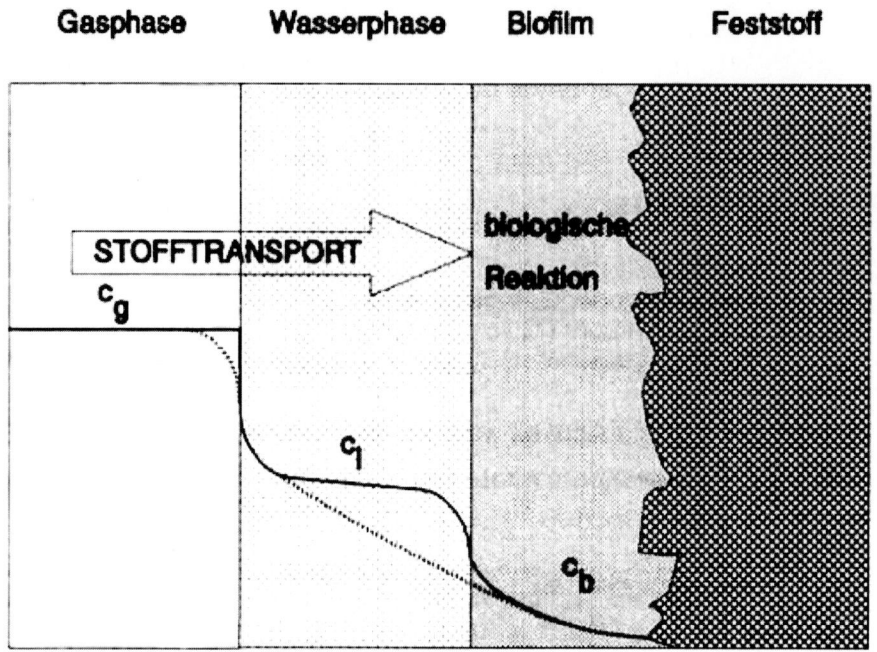

Abbildung 8 Stofftransport in der Methanoxidationsschicht

Ein zu großer Wassergehalt führt also zum Erliegen des Prozesses, während ein zu kleiner Wassergehalt einer Nährstoffaufnahme entgegensteht. Der Wassergehalt sollte einen Anteil von 80% nicht überschreiten. In Abbildung 10 [UFZ] sind Temperatur und Wasserverläufe dargestellt.

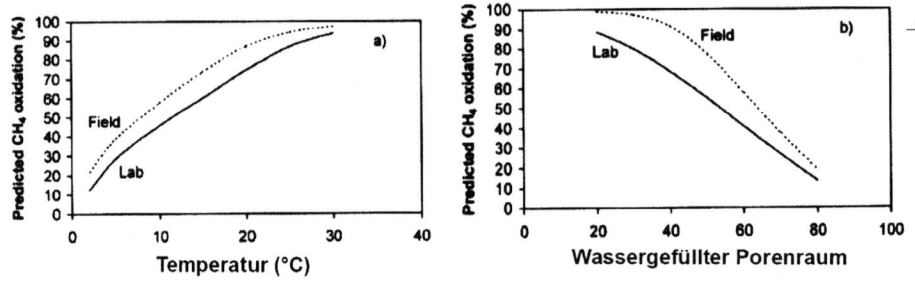

Abbildung 9 Abhängigkeit der Oxidationsleistung vom Wassergehalt und der Temperatur

Der optimale Temperaturbereich von 30°C wird bestimmt durch die hauptsächlich angesiedelten mesophilen Bakterienstämme im Boden. Bei längeren Kälte- oder Hitzeperioden können sich auch thermophile und psychotolerante Arten ansiedeln. Somit ist davon auszugehen, dass innerhalb einer Temperaturspanne von 10 bis 50°C mikrobielle Aktivitäten stattfinden. Methanotrophe Bakterien haben einen relativ großen pH Toleranzbereich zwischen 4 und 9. Ihre maximale Wachstums- und Aktivitätsrate liegt zwischen 5,5 und 8,5.

Für die Ausführung wurde in der Vergangenheit des Öfteren versucht das Prinzip des Biofilters, welcher vor allem in Kompostwerken zur Geruchsminderung eingesetzt wird, für die Methanoxidation zu nutzen. Dafür gibt es verschiedene Ausführungsvarianten, welche in der Regel einen in sich geschlossenen Reaktor darstellen, in den Gas eindringt und gereinigtes Gas austreten sollte.

Der in Abbildung 11 dargestellte Versuchsaufbau der Heers & Brockstedt Umwelttechnik GmbH wurde auf einer Deponie über mehreren Brunnen installiert. Das Gas gelangt hierbei über das bestehende Entgasungsrohr in die seitlichen mit Filtermaterial gefüllten Reaktionsräume. Der Deckel ist gelocht und dient der Versorgung mit Sauerstoff. Das gereinigte Gas kann dann an den Seiten austreten. Die Versuchsmodelle haben gezeigt, dass an den Filteroberflächen in den Versuchszeiten an allen Brunnen Methangehalte von 20 – 50 Vol.-% gemessen wurden. Diese Abbaurate ist aus Sicht der Emissionsminderung völlig unzureichend.

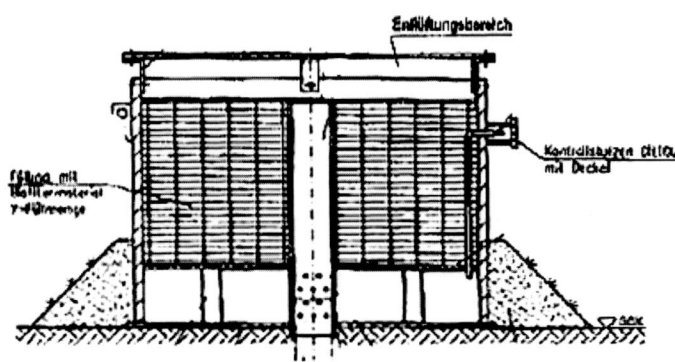

Abbildung 10 Beispielhafter Aufbau eines Biofilter

Ein weiterer Aufbau [Rettenberger/Stegmann 2003] wurde ebenfalls auf einer Deponie errichtet. Die vier Kammern sind in 3 Schichten mit verschiedenen

Materialien gefüllt. Das eintretende Gas wurde mit Frischluft vermischt, um das nötige Sauerstoff-Methanverhältnis zu erreichen. Der Biofilter wurde aktiv entgast d.h., dass das Deponiegas angesaugt, bei Bedarf beheizt und mit einem Wäscher befeuchtet wurde. Die Versuche zeigten, dass in den ersten 2 Monaten gute Abbauleistungen erreicht wurden. Danach brachen diese allerdings ein. Abbildung 12 zeigt die Entwicklung der Abbaurate in Abhängigkeit von der Zeit, wobei ein weiterer Versuch mit zusätzlicher Gasverteilerschicht dargestellt ist.

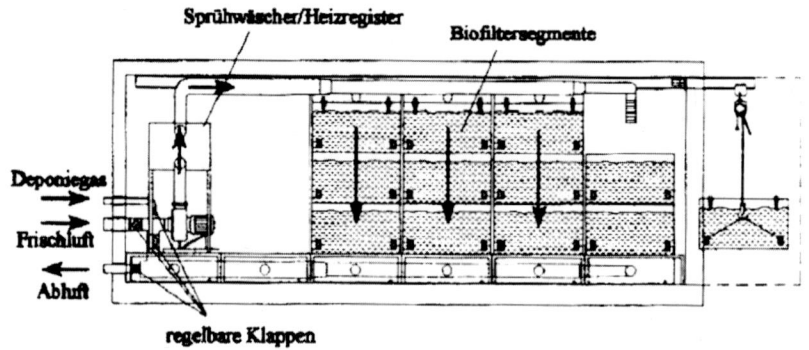

Abbildung 11 aktiv betriebener Bi

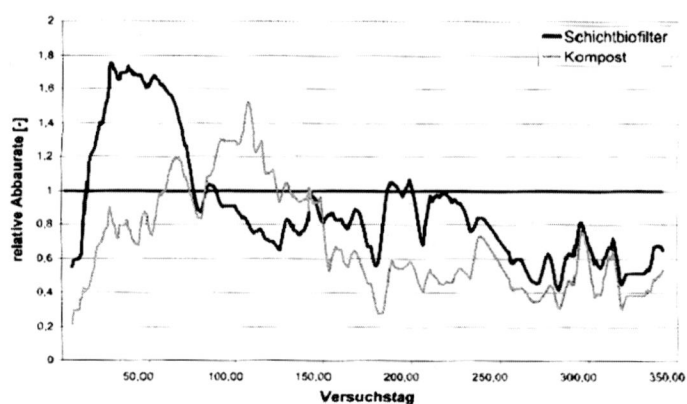

Abbildung 12 relative Abbaurate im Biofilter

Das Konzept, das in dieser Arbeit behandelt werden soll, da es eine vielversprechende Lösung zu sein scheint, ist die Methanoxidation in der Oberflächenabdeckung. Hier spricht man von einer Oxidation in einer die Deponie komplett bedeckende Schicht (zentrale Methanoxidation) Abbildung 14 oder partieller Oxidation durch passive Entgasung über die Brunnen (dezentrale Methanoxidation) Abbildung 15 [Rettenberger/Stegmann, 2003]

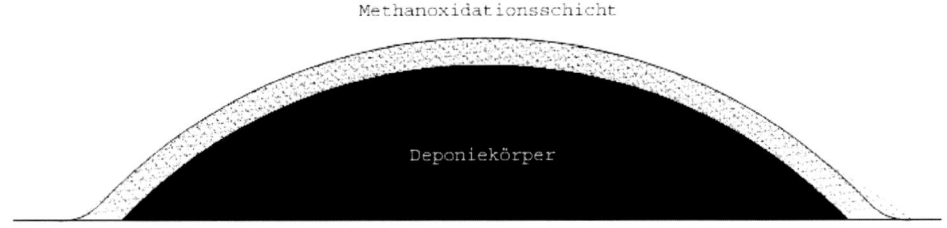

Abbildung 13 zentrale Methanoxidation

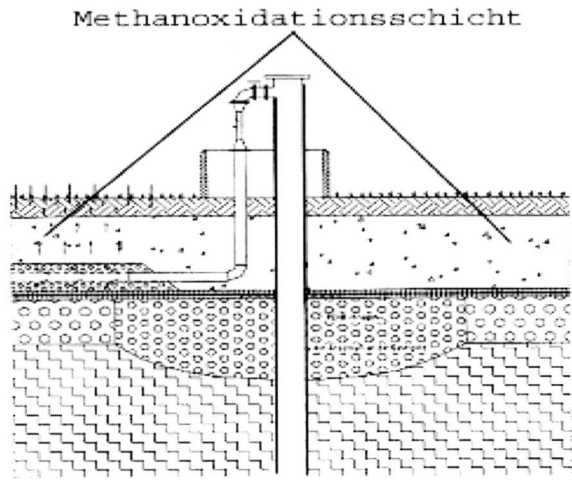

Abbildung 14 dezentrale Methanoxidation

4 Methanoxidation in der Oberflächenabdeckung

4.1 Auswahl der Bodenart

Für die Auswahl der Bodenart ist zunächst die Funktion der Oberflächenabdeckung mit der Methanoxidationseigenschaft zu klären. Da diese als endgültige Oberflächenabdeckung dienen soll, mit dem langfristigen Ziel der Selbstüberlassung der Deponie, ist neben der Funktion der Methanoxidation die Wasserspeicherfähigkeit und Grundlage der Rekultivierung zu beachten. „Der Aspekt des Schutzes der Dichtungsschicht steht hier nicht im Vordergrund, da das System zur Methanoxidation nach dem Speicher- und Verdunstungskonzept konzipiert werden muss" [MLU]. Als Basis für die Methanoxidation können mineralische sowie organische Böden verwendet werden.

Für die maximale Funktionsweise der Methanoxidation sind mehrere Bodeneigenschaften erforderlich. Für die notwendige Sauerstoffversorgung und einen ungehinderten Gastransport ist ein ausreichendes Porenvolumen zu gewährleisten. Dieses wird durch eine Lagerungsdichte (Ld) von <1,6 g/cm³ und einer Luftkapazität von >10 % erreicht [LAU - SA, 2007]. Die Luftkapazität ist der Anteil des Porenraums im Boden, der nur kurzfristig, beispielsweise nach Starkniederschlägen, wassergefüllt ist. Als Stickstoffquellen werden hauptsächlich Ammonium und Nitrat verwendet. Die methanotrophen Arten nutzen Stickstoff in unterschiedlicher Form: Manche fixieren Luftstickstoff, andere assimilieren aber auch den Stickstoff in Ammonium oder Nitrat, in Aminosäuren oder Harnstoff. Eine zu hohe Ammoniumkonzentration kann jedoch einen kompetetiven Inhibitor der Methanoxidation darstellen, da durch die Oxidation von Ammonium durch das Enzym Methan - Monooxigonase Produkte entstehen, die von den metanotrophen Bakterien nicht genutzt werden können und die Milieubedingungen negativ beeinflussten [M. Humer, P. Lechner]. Nitratstickstoff hat hingegen keine hemmende Wirkung auf die Abbauleistung. Weiterhin wird für die Nährstoffversorgung Phosphor benötigt. Für die maximale Abbauleistung ist von einem Nährstoffbe-

Methanoxidation in der Oberflächenabdeckung

darf von ca. 1 g N/(m² d) und 0,24 g P/(m² d) auszugehen [1]. Für ein Jahr sind dementsprechend 365 g N/m² TS und 87,6 g P/m² TS erforderlich. Dabei soll der N-NH₄ Anteil nicht größer 350 mg/kg TS sein [H. Humer, P. Lechner]. Aus Abbildung 16 ist abzuleiten, dass durch Steigerung des TOC auch das Nährstoffangebot steigt [Huber – Humer, 2008]. Ein TOC – Gehalt größer 10 % ist also erforderlich, um ein ausreichendes Nährstoffangebot sicher zu stellen.

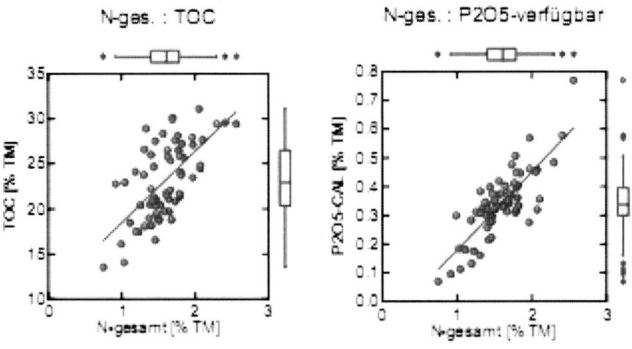

Abbildung 15 Abhängigkeit Stickstoffgehalt und Phosphorgehalt in Böden von TOC

Der durchschnittlich in Komposten enthaltene Stickstoffanteil beträgt 1,31 %, wovon 15 % verfügbar sind. Der Phosphorgehalt liegt bei 0,36 % und ist vollständig verfügbar [2].

Für die erforderliche Wasserspeicherfähigkeit und Rekultivierung ist die nutzbare Feldkapazität von Bedeutung. Die nutzbare Feldkapazität (nFK) eines Bodens ist der Teil der Feldkapazität, der für die Vegetation verfügbar ist. Sie beinhaltet die Wassermenge, die ein grundwasserferner Standort in natürlicher Lagerung nach ausreichender Sättigung gegen die Schwerkraft zurückhalten kann und entspricht gemäß Konvention einer Saugspannung von pF 1,8 bis 4,2. [3]. Diese sollte größer 20 % sein [LAU – SA, 2007]. Um die Wasserdurchlässigkeit bei Böden mit zu geringer nFk zu erhöhen kann ORC (Oxygen Release Compound) dazu gegeben werden. Diese Magnesiumperoxid – Formulierung, setzt bei Kontakt mit Wasser Sauerstoff frei.

$$2MgO_2 + 2H_2O \rightarrow O_2 + 2Mg(OH)_2$$

Abbildung 17 [LAU - SA, 2006] zeigt die Verringerung des durchgelassenen Wassers. Dabei haben Modelle 1 und 3 denselben Aufbau (schluffiger Sandboden + 4 % Kompost), wobei bei Modell 1 noch 4 kg/m³ ORC zu gegeben wurden.

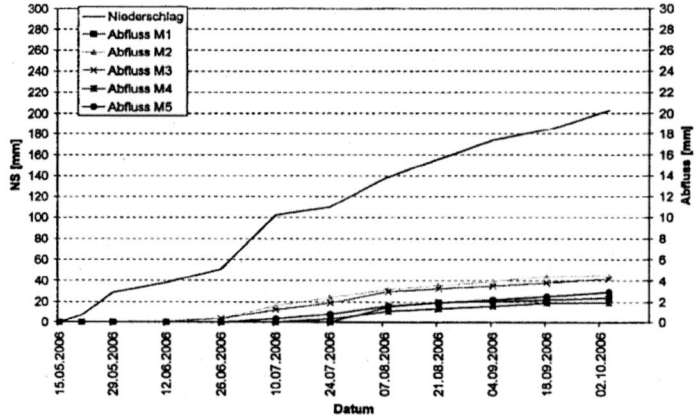

Abbildung 16 Beeinflussung des Wasserrückhaltevermögen und der Zugabe von ORC

Mineralische Böden besitzen einzeln nicht die notwendigen Eigenschaften (Tabelle2 [4], [5], [6]) und können somit nur als Gemische verwendet werden. In diesem Fall ist zu überlegen, ob Mischböden verwendet werden oder rein organische Böden. Diese bieten sehr gute Eigenschaften, welche jedoch bei Austrocknung in Kontakt mit Sauerstoff verloren gehen. Die Organik baut sich bis dahin nicht bzw. nur in geringem Maße ab [14]. Dadurch ist gerade bei längerer Trockenheit eine ständige Befeuchtung notwendig. Der Nachteil von Mischböden ist die Aufbereitung und Aufbringung auf die Deponie. Es müssen genaue Mischungsverhältnisse (Bodenanteile, Nährstoffe, nFk, etc.) bestimmt und im Feld zusammengebracht werden. Zur Feststellung der Genauigkeit der Arbeit sollte eine erneute Laboruntersuchung erfolgen um die Zusammensetzung evt. zu adaptieren.

Methanoxidation in der Oberflächenabdeckung

	Sandböden	Schluffböden	Tonböden	Lehmböden	Organische Böden
Lagerungsdichte [g/cm³]	1,67 – 1,19	1,53 – 1,19	1,32 – 1,92	1,96 – 1,19	0,48 – 0,12
Porenvolumen [%]	46	47	50	30	bis zu 85
Luftkapazität [%]	8 – 21,5	4,5 – 7	2,5 – 5	3,5 – 10	n.a.
Nutzbare Feldkapazität [%]	6 – 15	16 – 26	9 – 15	12 – 21, 5	30 – 40

Tabelle 2 Eigenschaften verschiedener Böden für die Eignung als Methanoxidationsschicht

Für die Anwendung von Organik ist es wichtig, dass die organische Substanz bereits in stabiler Form vorliegt. Als Maß dafür kann die Atmungsaktivität genutzt werden. Ein Wert von $AT_4 < 5$ mg O_2/g TS ist einzuhalten [M. Huber - Humer, P. Lechner]. Dies entspricht einem Rottegrad von > V.

Für die Untersuchung liegen verschiedene Versuche vor (Tabelle 3 [LAU - SA 2006, M. Humer – Huber 2008]). Die Versuche zeigen, dass organikreiche Böden eine höhere Abbauleistung aufweisen. Die größten Umsätze erfolgen in den untersten 30 – 40 cm.

Methanoxidation in der Oberflächenabdeckung

Aufbau der Methanoxidationsschicht	Versuchsdauer	Methanbelastung [l/(m² d)]	Oxidation [%]
0,9 m KSK, 0,3 m Grobschotter	2 Jahre	350	99 - 100
0,9 m RM Kompost, 0,3 m Grobschotter	2 Jahre	350	97 - 98
0,4 m KSK	2 Jahre	350	60 - 65
0,3 m KSK, 0,3 m lehmiger Boden	2 Jahre	350	70 - 75
(1) 0,7 m schluffiger Sandboden, 0,1 m Ziegelsplitt, 4% Reifkompost, 0,3 m kompostreicher Mutterboden	5 Monate	144	74 - 99
0,7 m nährstoffarmer Sandboden, 0,1 m Ziegelsplitt, 0,3 m humushaltiger Mutterboden	5 Monate	144	59 - 99

Methanoxidation in der Oberflächenabdeckung

Aufbau der Methanoxidationsschicht	Versuchsdauer	Methanbelastung [l/(m² d)]	Oxidation [%]
0,7 m bindiger verdichteter Boden, 0,1 m Ziegelsplitt, 0,3 m humushaltiger Mutterboden	5 Monate	144	13 - 97
(1) 1 m	5 Monate	144	78 - 99

Tabelle 3 Versuche zur Untersuchung der Oxidationsleistung verschiedener Aufbauten und Materialien

Die Messungen erfolgten mittels Boxenmessungen. Aufgrund der Daten ist festzustellen, dass Oxidationsraten bis 14 l CH_4/(m² h) möglich sind.

Diese hohen Methanreduktionen müssen aber keinen Abbau darstellen sondern können ihre Ursache in einer Verdünnung des Methans mit Luft in den oberen Schichten haben. Dieser Effekt wurde durch einen Batchversuch mit Biomüllkompost gezeigt. Dabei wurde eine 70 cm mächtige Schicht mit Deponiegasbelastungen von 10 – 200 l/(m² h) beströmt. Mit zunehmender Belastung konnte eine Verdrängung der Luft beobachtet werden (Abbildung 18). Trotz der Verdrängung der Luft durch das Deponiegas war an der Oberfläche bis zu einem Volumenstrom von 60 l/(m² h) kein Methan nachweisbar [Dr. Rodrigo, A. Figuera, 1998].

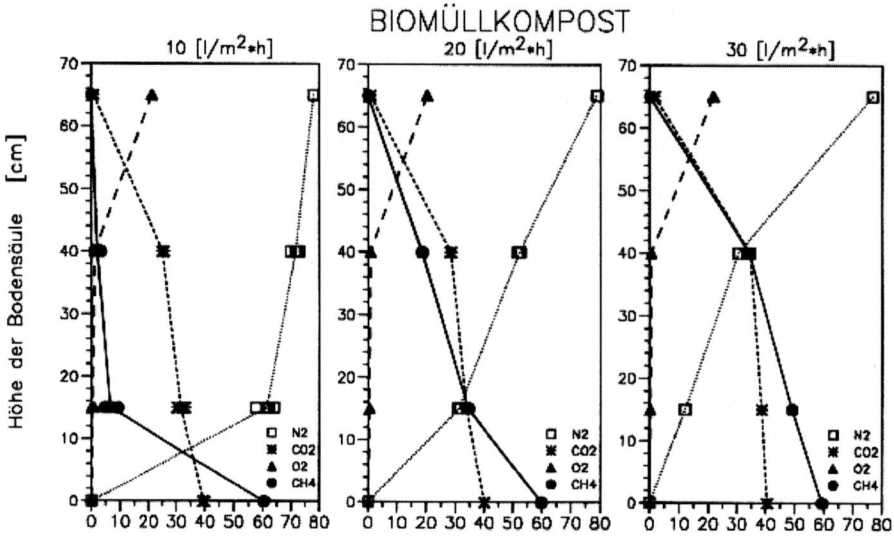

Abbildung 17 Ergebnisse eines Batchversuches zur Untersuchung der maximalen Bodenbelastung mit Deponiegas

Aufgrund dieser Untersuchung kann davon ausgegangen werden, dass bis zu einer Methanbelastung von 6 l/(m² h) ein nahe zu vollständiger Abbau (bei guten Bodeneigenschaften) erfolgt. Da in den Wintermonaten ein Rückgang des Abbaus von 10-20 % zu erwarten ist [UFZ] muss dieser Wert auf 4 - 5 l/(m² h) reduziert werden. Um einen dementsprechenden Luftdurchsatz zu gewährleisten sollte die intrinsische Permeabilität bzw. die Luftpermeabilität (k_i) bei 100 % Wasserkapazität nicht geringer als 5×10^{-13} m² sein. Dies würde einem Luftdurchsatz von 10 l/(m² h) (bei einer Schichtdicke) von 1m entsprechen. [M. Huber - Humer, 2008]

Für den Einsatz der Methanoxidationsschicht mit zusätzlichen Wasserhaushalts- und Rekultivierungseigenschaften ergeben sich die in Tabelle 4 dargestellten Eigenschaften.

Methanoxidation in der Oberflächenabdeckung

TOC	> 10 %	DIN EN 15936
AT_4	< 5 mg O_2/g TS	DIN 19737, E DIN ISO 16072
nFk	> 20 %	DIN 4220
Lk	> 10 %	DIN 4220
N-NH4	< 350 mg/kg	DIN 38406-E5-1
Schichtdicke	≥ 1m	

Tabelle 4 Erforderliche Bodeneigenschaften für den Einsatz der Methanoxidation als Oberflächenabdeckung

4.2 Aufbau der Methanoxidationsschicht

Eine Methanoxidationsschicht besteht zum einen aus der Oxidationsschicht, welche dem Abbau des Methans dient und zum anderen aus einer Gasverteilerschicht (Abbildung 19).

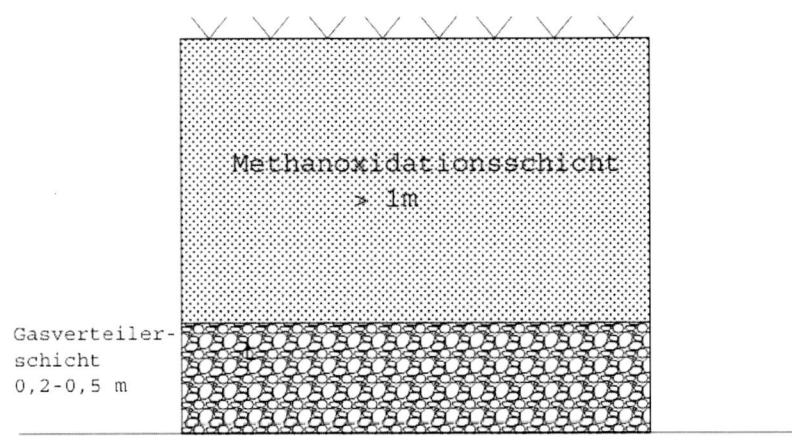

Abbildung 18 Prinzipieller Aufbau der Methanoxidationsschicht

Methanoxidation in der Oberflächenabdeckung

Die Gasverteilerschicht muss eine hohe Gasdurchlässigkeit aufweisen, um die aus dem Deponiekörper austretenden Gase zu verteilen und zu homogenisieren. Dadurch wird eine Verlangsamung der Gasströme erreicht, so dass diese von den Mikroorganismen abgebaut werden können. Dafür können verschiedene Materialien genutzt werden. In der Literatur wird oft eine 0,5 m mächtige Schicht aus kalkarmen Kiesschotter (16/32mm) vorgeschlagen [M. Huber - Humer, 2008]. Dieser ist allerdings sehr kostenintensiv (ca. 45 €/m^3). Alternativ kann auch Kies (16/32mm) mit ca. 14 €/m^3 oder Grobschotter (16/32mm und größer) mit ca. 5 – 15 €/m^3 verwendet werden. Es können auch andere Recyclingmaterialien wie z.B. MVA - Schlacke eingesetzt werden.

4.3 Zentrale Methanoxidationsschicht

4.3.1 Oberflächenabdeckung

Oberflächenabdeckungen sind durch ihre Durchlässigkeit gekennzeichnet. Oberflächenabdeckungen mit Kunststoffabdichtung auf Basis von HDPE besitzen keine durchgehenden Poren. Dadurch ist nur ein diffusiver Stofftransport möglich. Dieser kann auch als Lösungsvorgang der vorliegenden Schadstoffe in die Kunststoffoberfläche verstanden werden. Die Einwirkung vieler Kohlenwasserstoffe führt zu reversiblen Veränderungen der mechanischen Eigenschaften [Dr. Rodrigo, A. Figueroa, 1998]. Mineralische Oberflächenabdeckungen besitzen immer eine gewisse Durchlässigkeit auf Grund des Porenanteils. Der Porengehalt hängt stark von der Verdichtungsarbeit ab. Diese bewirkt eine Verformung der Aggregatstruktur und damit eine neue Bodenstruktur mit geringerem Porenanteil.

Unter Kenntnis des k_f - Wertes der Oberflächenabdeckung kann auf die Durchlässigkeit jedes anderen Fluides umgerechnet werden.

$$k_{f2} = k_{f1} \cdot \frac{\rho_2 \cdot \eta_1}{\rho_1 \cdot \eta_2} \qquad \text{(Gl.1)}$$

oder unter Verwendung der kinematischen Viskosität $\nu = \eta / \rho$

$$k_{f2} = k_{f1} \cdot \frac{v_1}{v_2} \tag{Gl.2}$$

Die Kinematische Viskosität von Wasser beträgt: 10^{-6} m² s⁻¹ (bei 20°C) und die von Methan $14{,}3 \times 10^{-6}$ m² s⁻¹.

Durch Einsetzen der Werte ergibt sich der folgende Ausdruck

$$k_{fCH_4} = k_{fH_2O} \cdot 0{,}0699 \, [m/s] \tag{Gl.3}$$

Um eine Aussage über die Flächenbelastung zu bekommen ergibt sich durch die Umrechnung folgender Ausdruck

$$k_{fCH_4} = k_{fH_2O} \cdot 25{,}17 \cdot 10^4 \left[\frac{l}{m^2 \cdot h}\right] \tag{Gl.4}$$

Durch diese Beziehung ergibt sich, dass bei Oberflächenabdeckungen mit k_f > 10^{-6} m/s Emissionen durch die Oberflächenabdeckung auftreten. In diesem Fall kann eine zentrale Ausführung in Betracht gezogen werden. Dieser Wert betrachtet jedoch den wasserfreien Porenraum. Da die Oxidationsschicht nach dem Speicherkonzept ausgelegt wird, sollte die Wasserdurchlässigkeit nicht über 10% betragen. Aus dieser Sicht ist der Wert anwendbar. Sofern keine Wasserdurchlässigkeit bekannt ist, kann diese durch den Open-End-Test bestimmt werden. Der Open-End-Test wird mit einer einfachen Versuchsanordnung durchgeführt. Bei dem Versuch geht die infiltrierte Wassermenge bei konstanter Druckhöhe direkt in die Gleichung zur Bestimmung der Sickerrate ein. Die Bestimmungsgleichung hat einen eindeutigen empirischen Charakter und ist am elektrischen Analogon entwickelt worden [7].

$$k = \frac{O}{5{,}5 \cdot r \cdot H} \tag{Gl.5}$$

k – Infiltrationsmenge [m/s]

Q – Wasserzugabe [m³/s]

r – Radius [m]

H – konstante Druckhöhe

Entscheidend für die weitere Planung ist das Gasbildungspotential im Deponiekörper. Wenn wesentlich mehr Gas gebildet wird als austreten kann, ist die zentrale Methanoxidation nicht zielführend, da es zu starken Migrationen kommen wird. Außerdem ist ein gleichmäßiger Abbau und das Gefährdungspotential für die Umwelt nicht gewährleistet.

4.3.2 Deponiegasproduktion

Das theoretische Gasbildungspotential beträgt 1,868 Deponiegas pro g abgebauten Kohlenstoffs.

$$G_t = G_e \cdot (1 - e^{-k \cdot t}) \tag{Gl.6}$$

bzw.

$$G_t = 1{,}868 \cdot TOC \cdot (1 - e^{-k \cdot t}) \tag{Gl.7}$$

mit:

G_t – bis zur Zeit t gebildete Deponiegasmenge [m³]

G_e – Gasbildungspotential bzw. die in langen Zeiträumen gebildete Gasmenge [m³]

TOC – organischer Kohlenstoff des Abfalls [kg/t]

k – Abbaukonstante k = ln0,5 $T_{1/2}$

Die Menge und Qualität des gebildeten Deponiegases ist vor allem abhängig vom Anteil des umsetzbaren Kohlenstoffs im Abfall. Der zeitliche Verlauf hängt jedoch

Methanoxidation in der Oberflächenabdeckung

vom Deponiebetrieb ab. Für diese Berücksichtigung wurden weitere betriebsbedingte Faktoren entwickelt. Nach WEGER, 1990 ergibt sich Gl. 8

$$Q_{a,t} = 1{,}868 \cdot M \cdot TC \cdot f_{a0} \cdot f_a \cdot f_0 \cdot f_s \cdot k \cdot e^{-k \cdot t} \tag{Gl.8}$$

$Q_{a,t}$ tatsächlich fassbare gesamte Gasproduktion zum Zeitpunkt t [m³/a]

M jährlich angelieferte Abfallmenge [kg]

TC Kohlenstoffgehalt des Abfalls [kg/t], entspricht in etwa dem organischen Kohlenstoffgehalt TOC

f_{a0} Anfangszeitfaktor; Berücksichtigung der Gasverluste im ersten halben Jahr nach erfolgter Ablagerung durch aerobe Umsetzung (0,95 für Kippkantenbetrieb, 0,8 für Dünnschichteinbau)

f_a Abbaufaktor; Verhältnis von unter optimalen Bedingungen verfügbaren zum gesamten Kohlenstoffgehalt (ca. 30 % des TC sind für biochemische Umsetzung nicht zugänglich, z.B. Lignin und Kunststoffe), $f_a \approx 0{,}7$

f_0 Optimierungsfaktor; Verhältnis von unter praktischen Deponiebedingungen umgesetzten Kohlenstoffs zu, unter optimalen Laborbedingungen, vergasbarem Kohlenstoff (anaerober Abbau in der Deponie nicht optimal wegen örtlich begrenzter trockener Nester, Hemmung durch bestimmte Stoffe, Unterversorgung mit Nährsalzen und Spurenelementen), $f_0 \approx 0{,}7$

f_s systembedingter Fassungsgrad

k Abbaukonstante k = ln0,5 $T_{1/2}$

$T_{1/2}$ Halbwertzeit; Zeit in der 50 % des Kohlenstoff umgesetzt sind

t betrachteter Zeitabschnitt

Eine weitere Berechnungsgrundlage ist das Prognosemodell nach WOLF.

$$V_{DG} = \prod_j f_i \cdot 1{,}87 \cdot M^0 \cdot TOC^0 \cdot [k_1 \cdot \exp(-t \cdot k_i) - k_2 \cdot \exp(-t \cdot k_2)] \tag{Gl.9}$$

Methanoxidation in der Oberflächenabdeckung

$$V_{DG}(t_G) = \sum_{i=t_A^0}^{t_A^n} \left[\prod_j f_j \cdot 1{,}87 \cdot M^0{}_i \cdot TOC^0{}_i \cdot [k_1 \cdot \exp(-t_i \cdot k_1) - k_2 \cdot \exp(-t_i \cdot k_2)] \right]$$

(Gl.10)

mit:

$$t_i = t_G - t'_A$$

- t_G Jahr der Gasbildung,
- t_A Jahr der Ablagerung
- f_j deponiegasspezifischer Abbaufaktor
- k_1, k_2 kinetische Faktoren der biologischen Umsetzung [a^{-1}]

$$k_1 = \frac{\ln 2}{T_{1/2}}, k_2 = \frac{\ln 2}{T_a}$$

- T_a Anlaufphase

Unter Berücksichtigung der der Gehalte an wirksamer organischer Substanz WOS in drei verschiedenen Abbaukategorien bezogen auf die Trockensubstanz des Frischmülls ergibt sich folgende Gleichung:

$$V_{DG}(t_G) = \sum_{i=t_A^0}^{t_A^n} \left[f_D \cdot 1{,}87 \cdot M_i^{TO} \cdot \sum_{p=1}^{3} \left[WOS_i^p \cdot [k_p \cdot \exp(-t_i \cdot k_p) - k_2 \cdot \exp(-t_i \cdot k_2)] \right] \right]$$

(Gl.11)

mit

- f_D deponiespezifischer Faktor

kurzfristig abbaubares WOS

wird im Zeitraum von 3 und 12 Jahren abgebaut und geht mit 7,5 Halbwertzeit in die Prognose ein

Methanoxidation in der Oberflächenabdeckung

mittelfristig abbaubares WOS

wird im Zeitraum zwischen 12 und 30 Jahren abgebaut und geht mit einer Halbwertzeit von 22 Jahren in die Prognose ein

langfristig abbaubares WOS

geht mit einer mittleren Halbwertzeit von 50 Jahren in die Prognose ein

4.3.3 Messtechnische Erfassung der Emissionsrate

Zur Bestimmung der Methanemissionsrate für die gesamte Deponieoberfläche stehen die in Tabelle 5 aufgelisteten Methoden [LAU - SA, 2007] zur Verfügung. Mit herkömmlichen Methoden (FID) können nur Methankonzentrationen gemessen werden. Die Bestimmung von Flächenbelastungen ist entweder sehr zeit- oder kostenintensiv.

Methode	Räumliche Auflösung	Erfahrungen	Vor- und Nachteile
Bodenprofilmessungen	punktuell	einige	Konzentrationsmessung in verschiedenen Teufen, keine Mengenbestimmung
FID - Oberflächenmessungen	gesamte Deponie	zahlreiche	nur CH_4-Konzentrationsmessung, quantitative Aussage zum Emissionsstrom nach ersten eigenen Erfahrungen in Verbindung mit Boxenmessungen möglich, geeignet zum Aufspüren von Emissionsstellen
FTIR- bzw. TDL-Messung	Lineare Messung	einige	nur CH_4-Konzentrationsmessung, wird oft in Kombination mit Tracergas-Methode zur Bestimmung CH_4-Konzentration verwendet
Gasboxenmessungen	m^2	zahlreiche	punktförmige Aussagekraft, zeitintensiv – da bei großer Fläche viele Messpunkte erforderlich, einfache Messanordnung. geeignet, um zeitliche und räumliche Variation der Emissionen zu erfassen
Tracergas-Methode	gesamte Deponie	wenige	genaueste Messmethode, jedoch sehr kostenintensiv
Bilanz-Methode	> 2.000 m^2 bis einige ha	einige	relativ aufwendiges Verfahren, gut geeignet zur Automation
C13-Isotopen Methode	gesamte Deponie	wenige	zur Methanoxidationsmessung verwendet, sehr kostenintensiv
Thermografie (Wärmebildkamera)	m^2 – bis ganze Deponie	einige	flächendeckende Untersuchungen auf gesamter Deponie möglich, nur CH_4-Konzentrationsverteilung, keine Emissionsströme, Konzentrationen < 100 ppm sind nicht mehr detektierbar, Störfaktoren wie Sonneneinstrahlung sind zu beachten
Berechnungsmodelle	gesamte Deponie	zahlreiche	Gasprognoseberechnung auf Basis von Abfallmengen und Abfallanalysen, differenzierte Betrachtung von einflussgebenden Randbedingungen erforderlich

Tabelle 5 Mögliche Methoden zur Bestimmung der von aus dem Deponiekörper austretenden Emissionen

Methanoxidation in der Oberflächenabdeckung

Eine Möglichkeit der Bestimmung, die eine relativ zeit- und kostensparende Alternative darstellt, ist die Kombination aus Boxenmessung und FID – Messung. Dabei wird für eine Deponie ein Umrechnungsfaktor bestimmt. Dieser soll die Umrechnung der FID – Messungen in eine Flächenbelastung ermöglichen.

FID - Messungen

Das FID - Messprinzip beruht auf der Proportionalität der elektrischen Leitfähigkeit des Gases zu den darin vorhandenen elektrisch geladenen Teilchen. Solange der Flamme im Detektor nur Trägergas und Brenngas zugeführt wird, bleibt der Ionisationsstrom konstant. Gelangen organische Verbindungen in die Flamme, so entsteht ein Spannungsabfall, der in ein elektrisches Signal umgewandelt wird [G. Weißbach, H. Müller, V. Schulkies]. Für die Durchführung der FID - Messung sind die meteorologischen Daten zu Beginn und am Ende der Messung aufzunehmen. Die vorhandenen Bodenverhältnisse sind in trocken, feucht oder nass einzustufen. Bei zu nasser Oberfläche ist eine Messung nicht zulässig, da ein vollständiger Gasaustritt nicht zu erwarten ist und die Messungen damit nicht repräsentativ sind. Bei einer Überschreitung von 100 ppm an einem Messpunkt wird eine Verdichtungsmessung durchgeführt, wobei drei zusätzliche Punkte im Hauptraster aufgenommen werden. Durch den Vergleich der FID mit der Boxenmessung kann ein Umrechnungsfaktor ermittelt werden, welcher allerdings aufgrund von gerätespezifischen Eigenschaften und Wetterverhältnissen nicht auf jede Deponie anwendbar ist. Es kann aber aufgrund der Boxenmessungen für jede Deponie dieser Umrechnungsfaktor bestimmt und somit die Konzentrationsmessungen, angegeben in ppm, mit Hilfe dieses Faktors in eine Emissionsrate umgerechnet werden. Für die Umrechnung wird aufgrund des gerätespezifischen Faktors auf die Emissionsrate umgerechnet und mit den Boxenmessungen verglichen, um aus einer Messreihe einen Umrechnungsfaktor für die gesamte Deponie zu erhalten

Boxenmessung

Hier wird das Gasvolumen unter der Haube zunächst mit Inertgas (z.B. Helium) gefüllt. Der zeitliche Austausch gegen Deponiegas wird durch Konzentrationsmessungen beobachtet. Aus der Abnahme des Tracers kann der Emissionsmassenstrom berechnet werden. Die Gasbox wird mit der offenen Seite nach unten auf die Deponiefläche aufgestellt und seitlich am Rand abgedichtet. Das Deponiegas gelangt somit diffus in den Boxenkörper und wird durch die seitlich eindringende Luft verdünnt. Es erfolgt an einem Schlitz so wie am Messstutzen der Box eine Konzentrationsmessung [LAU - SA, 2007]

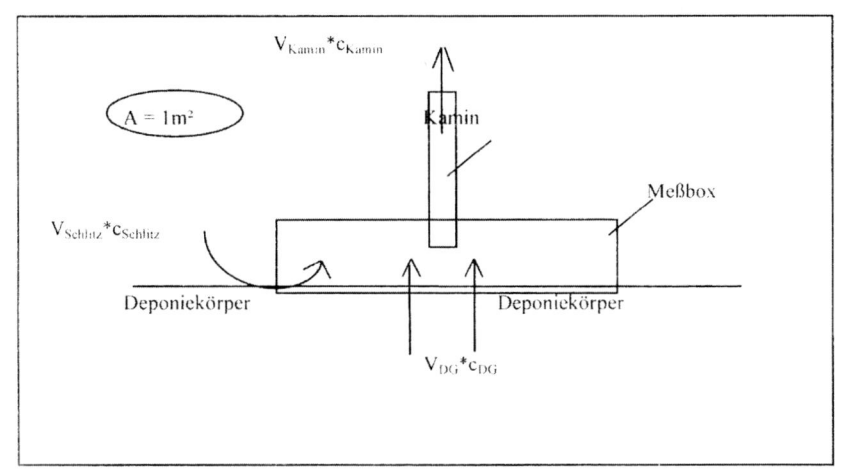

Abbildung 19 Funktionsprinzip der Boxenmessung

Die Umrechnung erfolgt in den folgenden Schritten [LAU - SA, 2007]

Gerätespezifischer Faktor:

$$V_{CH4} = (c_{FID} * V_{FID}) * (1m^2 / A_{Glocke}) \tag{Gl.12}$$

Deponiegasproduktionsrate auf Grund der Boxenmessung:

$$q_A = \frac{V_{Ka\min} * c_{Ka\min} - V_{Schlitz} * c_{Schlitz}}{A} \tag{Gl.13}$$

Da $V_{DG} \ll V_{Schlitz}$ anliegt, ist $V_{Schlitz} \sim V_{Kamin}$

$$q_A = \frac{V*(c_{Ka\,min} - c_{Schlitz})}{A} \quad \text{(Gl.14)}$$

Bei einem originären Methananteil von 55% ergibt sich daraus die Deponiedurchtrittsrate

$$q_{A\,DG} = \frac{q_A}{0{,}55} \quad \text{(Gl.15)}$$

Die Ermittlung eines Korrekturfaktors im Auftrag des LAU – SA, 2007 ergab einen Korrekturfaktor von 5,46 (Anlage 1). Die Ergebnisse der Messungen sind der Tabelle 6 zu entnehmen.

CH_4 – Emission Boxenmessung [l/(m² h)]	CH_4 – Emission FID – Messung [ppm]
116,6	1990,6
17,69	1521,4
41,24	285,9
547,9	4108,8
7,72	74,9
22,76	662,6

Tabelle 6 Vergleich Boxen- und FID - Messung zur Ermittlung des Korrekturfaktors

Methanoxidation in der Oberflächenabdeckung

Gerätespezifischer Umrechnungsfaktor

Eingangsgrößen:

- Fläche FID – Glocke (d=7 cm): $A = 0{,}003846 \text{ m}^2$
- spezifische Messgasrate FID: $V = 50 \text{ l/h}$

Durch Einsetzen in Gl. 12 ergibt sich:

$$V_{CH_4} = (c_{FID} \cdot V_{FID}) \cdot (1 \div A_{Glocke}) = 0{,}013 \frac{lCH_4}{m^2 \cdot h}$$

Flächenhafte FID – Messung

Die FID – Oberflächenmessung wurde am offenen Deponiekörper durchgeführt.

- untersuchte Fläche   35.600 m²
- Hauptmesspunkte   89
- Nebenmesspunkte   21
- Gesamtmesspunkte   110
- Hauptmessraster   20 x 20 m
- Verdichtungsraster   10 m

Die Messungen ergaben einen gewichteten arithmetischen Konzentrationsmittelwert von 50,2 ppm CH_4.

Der ermittelte Mittelwert ergibt eine spezifische Flächenbelastung von 3,56 l CH_4/(m² h).

$$0{,}013 \frac{lCH_4}{m^2 \cdot h} \cdot 5{,}46 \cdot 50{,}2 = 3{,}56 \frac{lCH_4}{m^2 \cdot h} \tag{Gl.16}$$

Das entspricht einer Deponiegasrate von 126,8 m³ CH$_4$/h bzw. 230 m³/h originäres Deponiegas (55 Vol.-% CH$_4$). Dieser Wert weicht stark von dem der Prognoseberechnung ab (141 m³ DG/h; Anlage 2).

4.3.4 Maßnahmen zur Behandlung von Schwachstellen

Eine gleichmäßige Verteilung des Gases im Deponiekörper ist nicht zu erwarten. Das Gas breitet sich primär horizontal aus und migriert somit an den Hangbereichen mehr als im Plateaubereich, da sich das Gas einerseits durch Diffusion, andererseits durch konvektiven Transport im Deponiekörper bewegt. Da gerade in den Brunnenbereichen größere Wegsamkeiten vorhanden sind, ist auch dort mit höherem Gasaustritt zu rechnen. Diese Stellen müssen dem entsprechend besonders beobachtet und gegebenenfalls besondere Maßnahmen ergriffen werden.

Brunnen können verschweißt oder verklebt werden, wobei die Folie in die Gasverteilerschicht eingebunden wird [M. Huber - Humer, 2008]. Für die Abdeckung der Brunnen ist zu bedenken, dass das Abdeckmaterial örtlichen Korrosionen sowohl an den Phasengrenzen wie auch im Werkstoffinneren unterliegt. Für die Abdeckung sollten daher PTFE (Polytetra – Fluor – Ethylen) Kunststoffe verwendet werden. Diese weisen im Vergleich zu anderen Kunststoffen die beste Beständigkeit gegen eine Vielzahl von Chemikalien auf (Tabelle 7) [Martin Bonnet]. Tabelle 8 zeigt die Eigenschaften des Kunststoffes.

Methanoxidation in der Oberflächenabdeckung

Reagenz \ Kunststoff	PMMA	PC	PS	SAN	PA	PP	POM	PE-LD	PE-HD	PTFE
aliphatische Alkohole	O	+	+	+	-	+	+	+	+	+
Aldehyde	-	O	-	-	O	O	O	+	+	+
Basen (Laugen)	O	-	+	+	O	+	+	+	+	+
Ester	-	-	-	-	+	O	-	O	O	+
Ether	-	-	-	-	O	O	O	O	O	+
aliphatische Kohlenwasserstoffe	-	O	-	-	+	+	+	O	+	+
aromatische Kohlenwasserstoffe	-	-	-	-	+	O	+	O	+	+
halogenierte Kohlenwasserstoffe	-	-	-	-	O	O	+	O	O	+
Ketone	-	-	-	-	+	O	+	O	O	+
Oxidierende Säuren	-	-	-	-	-	-	-	-	-	+
schwache Säuren	O	O	O	O	O	+	-	+	+	+
starke Säuren	-	-	O	-	-	+	-	+	+	+

Tabelle 7 Vergleich der Eigenschaften verschiedener Kunststoffarten

Eigenschaften [15]

RG	KB	Dichte	Zugf.	Bruchd.	E-M	DW	DF	FA	Temp	WB
		g/cm³	N/mm²	%	N/mm²	Ohmxcm	KV/mm	%	°C	°C
Polytetra-fluor-ethylen	PTFE	2,15	25-15	250-500	400	10^{18}	20-80	0	- 200 - + 100	50

Tabelle 8 Eigenschaften PTFE

RG – Rohstoffgruppe

KB – Kurzbezeichnung

DW – Durchgangswiderstand

DF – Durchschlagsfestigkeit

FA – Feuchtigkeitsaufnahme bei Normalklima

WB – Wärmebeständigkeit

Weiterhin kann die Oxidationsschicht in den Brunnenbereichen stärker ausgebaut werden oder ein Rückbau der Brunnen erfolgen. Ein Brunnenrückbau würde den Brunnen als Schwachstelle beseitigen. Dafür wird der Brunnen an einer geeigneten Stelle gekürzt, mit ca. 2 m Ton verfüllt und mit einer Kragendichtplatte bedeckt, damit das Entgasungsrohr vollständig von der Umgebung abgeschlossen ist. Dadurch ist gewährleistet, dass das Deponiegas an dieser Stelle nicht vermehrt austritt. Dieser Schritt könnte auch erst nach einer gewissen Testzeit der Oxidationsschicht erfolgen (1 – 2 Jahre), damit in dieser Zeit die Möglichkeit einer aktiven Entgasung weiterhin gegeben ist.

Um Migrationen an den Randbereichen entgegenzuwirken, kann auch hier die Schichthöhe verstärkt oder die Gasverteilerschicht verdichtet werden bzw. ein Material verwendet werden, welches eine geringere Durchlässigkeit besitzt. Die alternative Gasverteilerschicht muss einen Durchlässigkeitsbeiwert von $k_f = 2*10^{-5}$ m/s besitzen (Gl 4). Die Durchlässigkeit wird auf Grund der Kornverteilung durch BEYER

$$k_f = C \cdot d_{10}^{2} \qquad \text{(Gl.17)}$$

oder HAZEN

$$k_f = 0{,}0116 \cdot d_{10}^{2} \qquad \text{(Gl.18)}$$

bestimmt und entspricht sandigem Material.

4.3.5 Standsicherheit

Die Standfestigkeit des Auftrags hängt von der vorhandenen Böschung ab. In Abhängigkeit von der Bodenart wirken im Boden Reibungs- und Kohäsionskräfte oder eine Kombination aus beiden. Kohäsion tritt nur bei einigen bindigen Böden auf. Wenn ausgedehnte geringmächtige Deckschichten, deren Scherfestigkeit geringer ist als diejenige der darunter folgenden Schichten, Teil einer Böschung sind, dann ist die Standsicherheit abhängig von.

Der Gewichtskraft	G
einer möglichen Strömungskraft	S
einer möglichen Auftriebskraft	A
dem Böschungswinkel	β
dem Reibungswinkel	φ und
der Kohäsion	c'

der oberen Schicht. (Abbildung 21) [8]

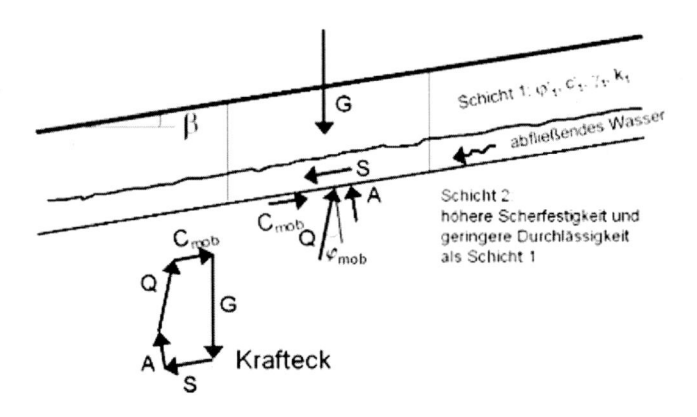

Abbildung 20 Einflussgrößen auf die Standsicherheit an Böschungen

$$\mu = \frac{(G \cdot \cos\beta - A) \cdot \tan\varphi + c}{G \cdot \sin\beta + S} \qquad (Gl.19)$$

In dem Fall, dass A = S = c = 0 ist wird daraus

$$\mu = \frac{\tan\beta}{\tan\varphi}, \qquad (Gl.20)$$

wobei der Ausnutzungsgrad maximal 1 betragen darf. Dementsprechend ist die Böschungsneigung bei nicht vorhandener Kohäsion gleich dem Reibungswinkel. In nachfolgender Tabelle 9 sind die wichtigsten Reibungswinkel aufgelistet [9], [10]

Bodenart	Reibungswinkel $\varphi´$
Sand, locker gelagert	30 - 32,5°
Sand, dicht gelagert	32,5 - 35°
Sand und Kies, locker gelagert	32,5 – 35 °
Sand und Kies, dich gelagert	35 – 40 °
Splitt - Schottergemische	35 – 45°
schwach bindige Böden	25 – 27,5°
stark bindige Böden	15 – 20°
organischer Schluff	15°
organische Böden	5 - 15°

Tabelle 9 Reibungswinkel verschiedener Bodenarten

Falls die Standfestigkeit nicht gegeben ist, besteht die Möglichkeit, die Schicht durch ein dreidimensionales Gitter zu verstärkt (Abbildung 22)[11].

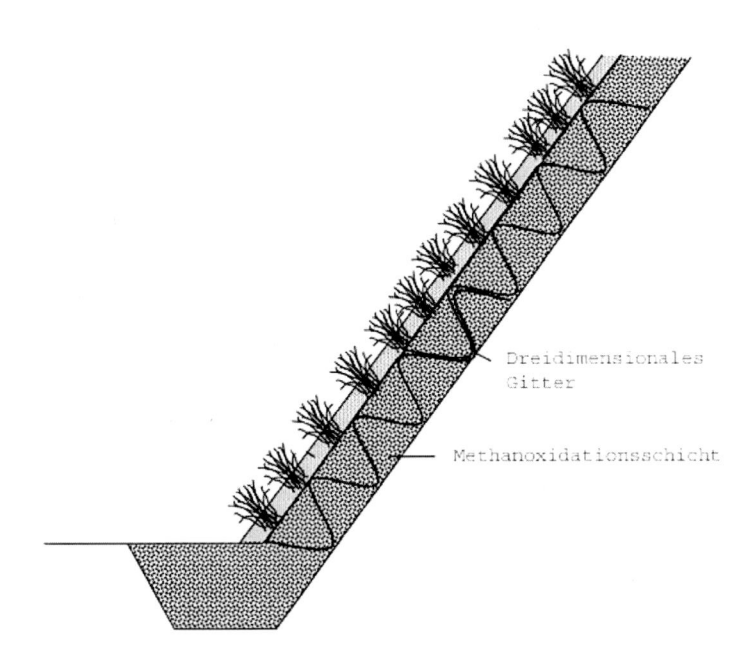

Abbildung 21 Dreidimensionales Gitter zur Erhöhung der Standsicherheit

Weiterhin können mineralische Böden beigemischt werden. Dies muss unter Berücksichtigung der Einhaltung der erforderlichen Oxidationseigenschaften erfolgen (Kap. 4.1). Um ein Wegrutschen am unteren Ende der Hangbereiche zu verhindern können beispielsweise Betonverstärkungen oder Aufschüttungen eingebaut werden.

4.3.6 Aufbringung der Methanoxidationsschicht

Raupen- bzw. Kettenfahrzeuge sind mit großen Tragflächen (Bodenplatten) ausgestattet, um hohe Vertikallasten bei geringer Flächenbelastung in den Untergrund bzw. in die Fahrbahn abzutragen. Sie bewegen sich als Schienenfahrzeuge mit ihren stählernen Raupenketten als Gleisersatz frei durch befahrbares Gelände. Die aus dem Kontakt Bodenplatte-Untergrund herrührende vertikale Belastung wird als Bodenpressung bezeichnet.

Beim Einbau mit der Moorraupe (Bodenpressung < 4 N/cm²) kann davon ausgegangen werden, dass Verdichtungen nur in den oberen 50cm stattfinden und somit zu Lasten der Luftkapazität aber nicht der nutzbaren Feldkapazität gehen [M. Kranert, 2009]. Die obere Schicht kann allerdings durch Lockerung des Bodens mit einer Spatenmaschine erneut durchmischt werden, wodurch die nötige Lagerungsdichte und Luftkapazität erreicht werden.

Von den Fahrbahnen, die speziell für die Radfahrzeuge auf der Auftragsfläche eingerichtet werden, kann das Bodenmaterial abgekippt und dann mittels Raupe verteilen werden.

4.3.7 Kontrolle der Oxidationsleistung

Für die Kontrolle der Funktion der Methanoxidationsschicht sollten in regelmäßigen Abständen Untersuchungen in Bezug auf die Aktivität der Mikroorganismen gemacht werden. In dieser Hinsicht spielen Temperatur und Wassergehalt eine wichtige Rolle, da auf Grund dieser Parameter Rückschlüsse auf das Nährstoffangebot und die Beschaffenheit des Materials gezogen werden können. Aufgrund eines zu hohen Wassergehaltes ist er Boden entweder stark verdichtet oder die nFk ist durch starken Abbau der Organik nicht mehr gegeben. Dadurch kann auch der Nährstoffgehalt beeinträchtigt sein. Zu niedriger Wassergehalt kann die Folge längerer Trockenzeiten sein.

Zur Kontrolle der Bodenfeuchte kann durch die FDR – Messung (Frequenzy – Domain – Reflectometry) die volumetrische Feuchte des Bodens bestimmt werden. Mittels der an verschiedenen Stellen eingebrachten FDR Sonden werden in Tiefen von 20, 40, 60 und 120 m die Unterschiede der Dielektrizitätskonstante ermittelt [Martin Kranert, 2009]. Weiterhin können Tensiometermessungen durchgeführt werden, durch die die Saugspannung ermittelt wird. Ist der gemessene Wassergehalt zu gering für die Methanoxidation und gleichzeitig keine Saugspannung vorhanden, ist neben schlechten Abbauleistungen der Sickerwasserhaushalt nicht mehr gegeben.

Für eine Bodentemperaturmessungen müssen mittels zwei strahlungsgeschützter Sensoren oberhalb des Bodens (5cm) und in Tiefen von 20, 40, 60, 120 m Messungen durchgeführt werden [Martin Kranert, 2009]. Aufgrund der Temperatur lässt sich auf die Aktivität der Mikroorganismen schließen. Liegt die Temperatur im Durchschnitt unter 15°C stimmen die erforderlichen Bodenparameter nicht. Was einerseits am Parameter Wasser und andererseits am Nährstoffhaushalt liegen kann.

Für die Kontrolle der Oxidationsleistung ist auf Grund der großen Fläche die FID – Begehung am geeignetsten. Diese Methode weist zwar nicht direkt die Oxidationsleistung nach, dient aber der Kontrolle auf austretende Emissionen. Die FID- Begehung sollte im ersten Quartal monatlich und den Rest des Jahres quartalsmäßig durchgeführt werden. Treten im ersten Jahr noch höhere Emissionen auf, können diese in den nächsten Jahren auf Grund des Abbaus der Organik im Deponiekörper stark zurückgehen.

4.4 Dezentrale Methanoxidationsschicht

4.4.1 Bestimmung der Oxidationsfläche

Für die Auslegung der Flächen um die Gasbrunnen ist eine Bestimmung des Methanvolumenstromes nötig und es muss die Flächenbelastung festgelegt werden (Kap. 4.1). Für die Bestimmung der Fläche nach Gleichung 21 werden im Folgenden die Möglichkeiten zur Bestimmung des Volumenstromes Methan am Fall einer Deponie untersucht.

$$A = \frac{V_{CH_4}}{F} \qquad (Gl.21)$$

A   Fläche [m²]

V_{CH4} Volumenstrom Methan [l/h]

F   Flächenbelastung [l/(m² h)]

Methanoxidation in der Oberflächenabdeckung

Für die Ermittlung stehen folgende Möglichkeiten zur Verfügung:

- Entgasungsparameter auf Grundlage von Optimierungsmessungen / Absaugregime (Abbildung 24)
- Deponieabsaugversuch
- Bohrgutanalysen

Absaugregime

Die Messung von Methan (CH_4), Kohlendioxid (CO_2), Sauerstoff (O_2), Schwefelwasserstoff (H_2S), Luftdruck (p) erfolgen mittels Deponiegasmonitor an den Sammelsträngen (Abbildung 23).

Abbildung 22 Absaugregime

Mit Hilfe einer starken Pumpe wird das Probengas über Filter in die Messküvette gefördert. Die Messung von Methan und Kohlendioxid erfolgt mit der zuverlässigen Infrarot-Methode bei verschiedenen analytischen Messwellenlängen. Die Konzentration des Sauerstoffs wird mit einer elektrochemischen Zelle gemessen. Die Konzentrationsanzeige erfolgt in Vol.-%. Die drei Messmethoden arbeiten jeweils unabhängig vom Gehalt der anderen Komponenten. [12]

Geschwindigkeitsmessungen erfolgen mittels Flügelradanemometer. Es enthält ein kleines Windrad, welches durch seine Drehzahl ein Maß für die Windgeschwindigkeit liefert. Das in einem Kreiszylinder axial umlaufende Flügelrad muss so angeströmt werden, dass die Richtung der Geschwindigkeit senkrecht zur Geräteachse liegt. Die Umlaufkomponente der auf die Schaufeln ausgeübten Kräfte versetzt das Flügelrad in Rotation. Die Drehzahl n wird indirekt als Strömungsgeschwindigkeit c in Metern pro Sekunde (m/s) gemessen. Trotz möglichst reibungsfreier Lagerung des Flügelrades treten Reibungskräfte auf, die zu einer endlichen Anlaufgeschwindigkeit und dadurch zu Abweichungen zwischen Umlauf- und Strömungsgeschwindigkeit führen. Sie ist von der Dichte ρ abhängig. Mit zunehmender Dichte werden die Abweichungen größer.

<u>Deponieabsaugversuch</u>

Der Gasabsaugversuch wird in vier Betriebsphasen unterteilt [DEPOSERV]

1. <u>Einlaufphase:</u> Einfahren der Versuchsanlage mit einem Gasvolumenstrom in der Größenordnung von 0,5 m³/(m h) (Kollektorlänge), bis die Messwerte der Deponiegaszusammensetzung sich nur noch geringfügig ändern. Einstellen der aus den Gasbrunnen konstant absaugbaren Einzelgasströmen. (Dauer 1 Woche)

2. <u>Optimierungsphase:</u> Stufenweise Erhöhung der Gasvolumenströme, bis sich ein konstanter Methangehalt eingestellt hat. (Dauer 1 Woche)

3. <u>Konstantfahrweise:</u> Durchführung des Absaugbetriebs im konstanten Betriebsregime. (Dauer 11 Wochen)

4. <u>Optimierungsphase 2:</u> Wiederholung des Absaugbetriebs mit variablen Betriebsregimen bis zum maximal möglichen Gasvolumenstrom zum Nachweis der Flexibilität sowie der Auswirkung auf die Gasqualität. (Dauer 1 Woche)

Es erfolgt eine Konzentrationsmessung von CH_4, CO_2, O_2 sowie Gasgeschwindigkeitsmessungen und Druckmessungen.

Methanoxidation in der Oberflächenabdeckung

<u>Bohrgutanalysen</u>

Das Bodenmaterial wird mittels Bohrungen in verschiedenen Tiefen entnommen und die Probemenge nach TA Abfall portioniert und analysiert.

<u>Deponieabsaugversuch</u>

Der Deponieabsaugversuch wurde 2005 zur Verifizierung der Deponiegassituation von der Firma DEPOSERV durchgeführt. Es sollte die Gasergiebigkeit als Grundlage für die Entscheidung über den Einsatz einer aktiven Entgasungsanlage untersucht werden. Die Untersuchungen wurden an drei Gasbrunnen mit einem Durchmesser von 800 mm durchgeführt. Für den Gasabsaugversuch wurde eine mobile Gasverdichterstation eingesetzt, an deren Sammelbalken die drei Gasbrunnenköpfe mittels Gasabzugsleitung angeschlossen wurden. Mit dem vom Verdichter erzeugten Unterdruck wurde das Deponiegas aus den Brunnen abgesaugt, verdichtet und verbrannt. Der abgesaugte Gasvolumenstrom konnte für jeden Gasbrunnen einzeln eingestellt werden.

<u>Messgeräte:</u>

- tragbarer Deponiegasmonitor „GA94A" (ANSYCO GmbH)
- tragbarer Deponiegasmonitor „GA 2000" (ANSYCO GmbH)

- CH_4 Infrarotabsorption NDIR (Messbereich 0 – 100 Vol.-%)
- CO_2 Infrarotabsorption NDIR (Messbereich 0 – 50 Vol.-%)
- O_2 elektrochemische Zelle (Messbereich 0 – 30 Vol.-%)

- Strömungsmessgerät „MiniAir20" (Schildknecht Messtechnik GmbH)

- Flügelradanemometer (Messbereich 0,3 – 20 m/s)

<u>Messergebnisse:</u>

Methanoxidation in der Oberflächenabdeckung

Parameter	Br1	Br2	Br3
Ø V [m³/h]	19,0	14,9	15,7
Max.	29,6	18,1	20,7
Min.	14,4	13,7	14,3
Filterlänge GB	9,0	9,0	7,0
ØCH$_4$ [Vol.-%]	56,3	51,2	52,4
Max.	61,0	57,8	59,1
Min.	51,3	46,0	47,2

Tabelle 10 Messergebnisse eines Deponieabsaugversuchs

Bohrgutanalyse

Die Bohrgutanalysen wurden im Jahr 2004 von der IHU Geologie und Analytik mit den in Tabelle 11 dargestellten Ergebnissen durchgeführt.

Entnahmedatum	Entnahmestelle	TOC % TS
17.09.2004	Br.3 Pr.1 3,0m	39,9

Methanoxidation in der Oberflächenabdeckung

Entnahmedatum	Entnahmestelle	TOC % TS
17.09.2004	Br.3 Pr.2 6,0m	34,5
17.09.2004	Br.3 Pr.3 8,5m	14,1
Mittelwert	Br.3	29,5
20.09.2004	Br.2 Pr.1 3,0m	61,8
20.09.2004	Br.2 Pr.2 6,0m	35,0
20.09.2004	Br.2 Pr.3 9,0m	39,6
Mittelwert	Br.2	45,5
21.09.2004	Br.1 Pr.1 3,0m	29,9
21.09.2004	Br.1 Pr.2 6,0m	27,3
21.09.2004	Br.1 Pr.3 9,0m	23,0
Mittelwert	Br.1	26,7

Tabelle 11 Ergebnisse einer Deponiegasprognose auf Grund von Bohrgutanalysen

Methanoxidation in der Oberflächenabdeckung

<u>Bestimmung der Deponiegasproduktion über die Deponiegasprognose nach Gl. 8</u>

$$V_{DG} = 1{,}868 \cdot TOC \cdot M \cdot 0{,}8 \cdot 0{,}8 \div 365 \div 24 \div 31$$

0,8	Abbaufaktor
0,8	deponiespezifischer Faktor
mittlere Ld	0,7 t/m³

Br.1	14,54 m³/h
Br.2	24,78 m³/h
Br.3	15,17 m³/h

<u>Entgasungsparameter</u>

Die aktive Entgasung auf der Deponie wurde Ende 2006 in von der Firma DEPOSERV in Betrieb genommen. Aus den Optimierungsmessungen gehen für die ersten 2 Monate die in Abbildung 24 bis 26 dargestellten Werte hervor.

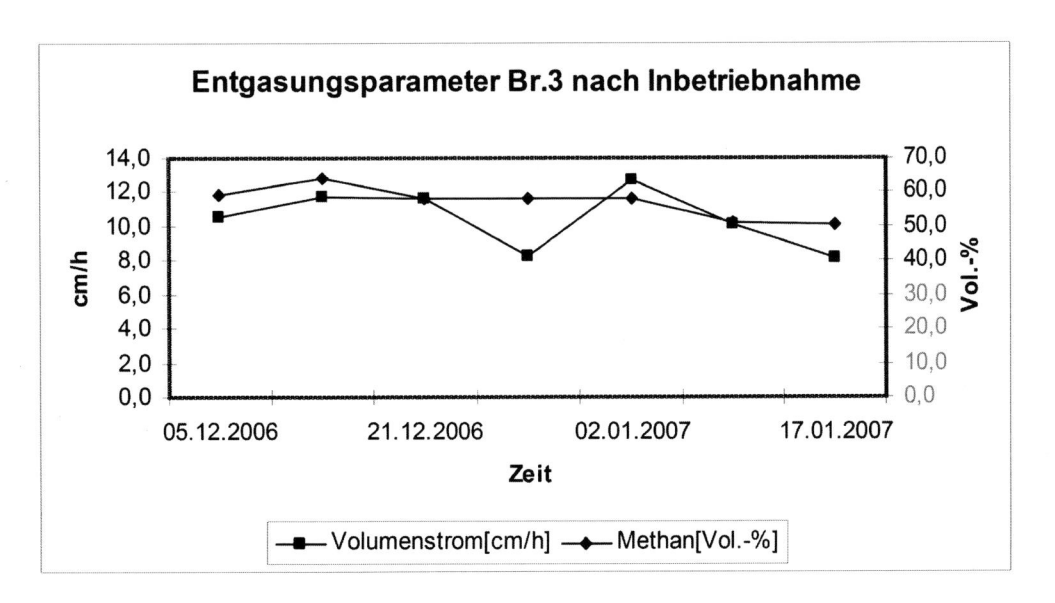

Abbildung 23 Entgasungsparameter Brunnen 3

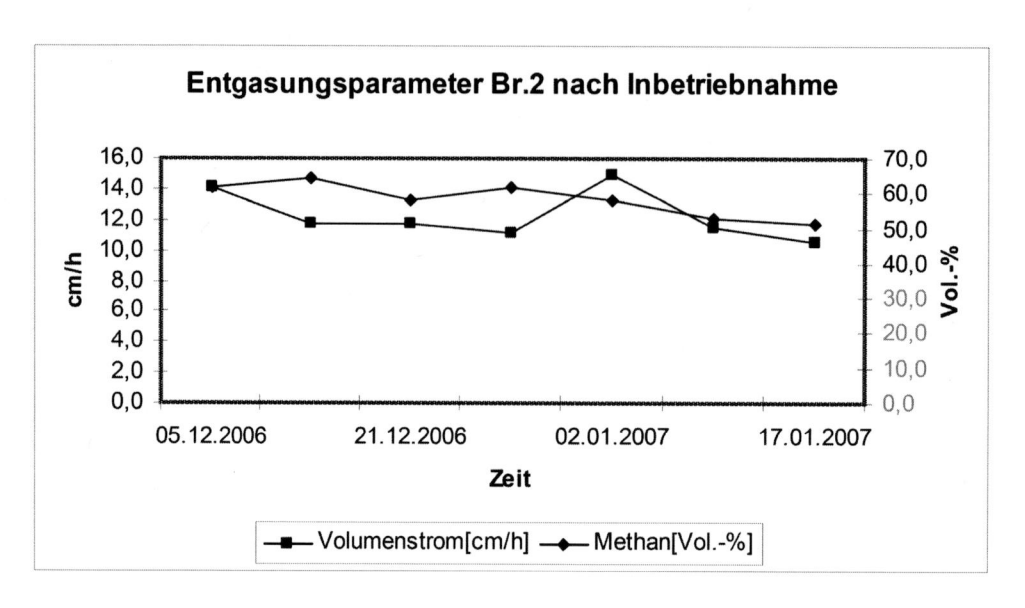

Methanoxidation in der Oberflächenabdeckung

Abbildung 24 Entgasungsparameter Brunnen 2

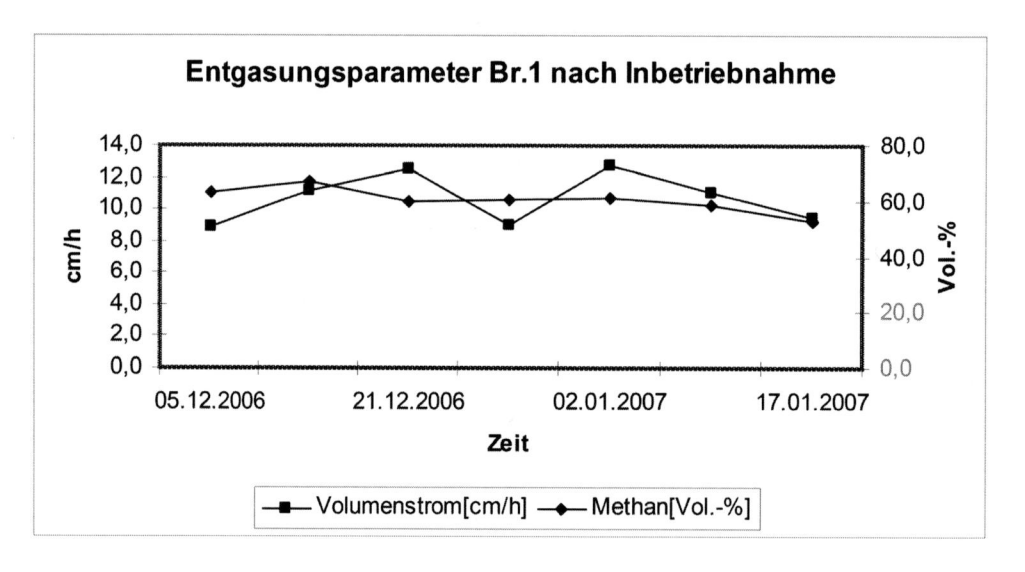

Abbildung 25 Entgasungsparameter Brunnen 1

Methanoxidation in der Oberflächenabdeckung

<u>Gegenüberstellung der Messwerte</u>

	Br. 1			Br.2			Br.3		
	CH_4 [Vol.-%]	V [m³/h]	CH_4/CO_2	CH_4 [Vol.-%]	V [m³/h]	CH_4/CO_2	CH_4 [Vol.-%]	V [m³/h]	CH_4/CO_2
Absaug-versuch 25.01.2005	56,3	19,0	1,53	51,2	14,9	1,43	52,4	15,7	1,55
Bohrgut-analyse 04.10.2004	-	14,54		-	24,78		-	15,17	
Absaug-regime 2006/2007	60,4	10,7	1,9	58,4	12,3	1,8	57,0	10,4	2,1

Tabelle 12 Gegenüberstellung der Ergebnisse vom Deponieabsaugversuch, Bohrgutanalyse, Entgasungsparameter

Bis auf einen Ausreißer der Bestimmung durch die Bohrgutanalysen stehen die Werte in einem guten Verhältnis. Sofern die aktive Entgasung auf ein Gleichgewicht zwischen abgesaugter und tatsächlich produzierter Gasmenge eingestellt ist, können die entsprechenden Werte aus der aktiven Entgasung entnommen werden. Außerdem können die anderen Verfahren genutzt werden, in dem Fall das keine aktive Entgasung installiert ist.

4.4.2 Wahl eines geeigneten Systems

Für die Ausführung eines Rohrleitungssystems zur Verteilung des Gasstromes in der Methanoxidationsfläche muss auf eine möglichst gleichmäßige Ausbreitung geachtet werden. Mit zunehmender Fläche wird dies immer schwieriger. Die folgenden Abbildungen zeigen mögliche Ausführungen (Abbildung 23 – 29).

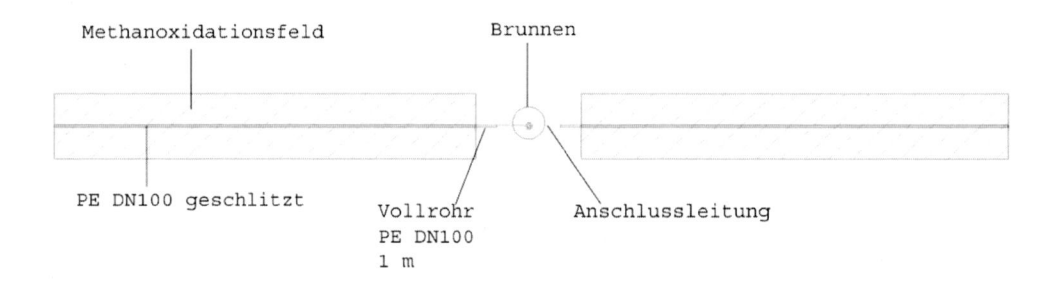

Abbildung 26 System für die dezentrale Methanoxidation über zwei Anschlussleitungen

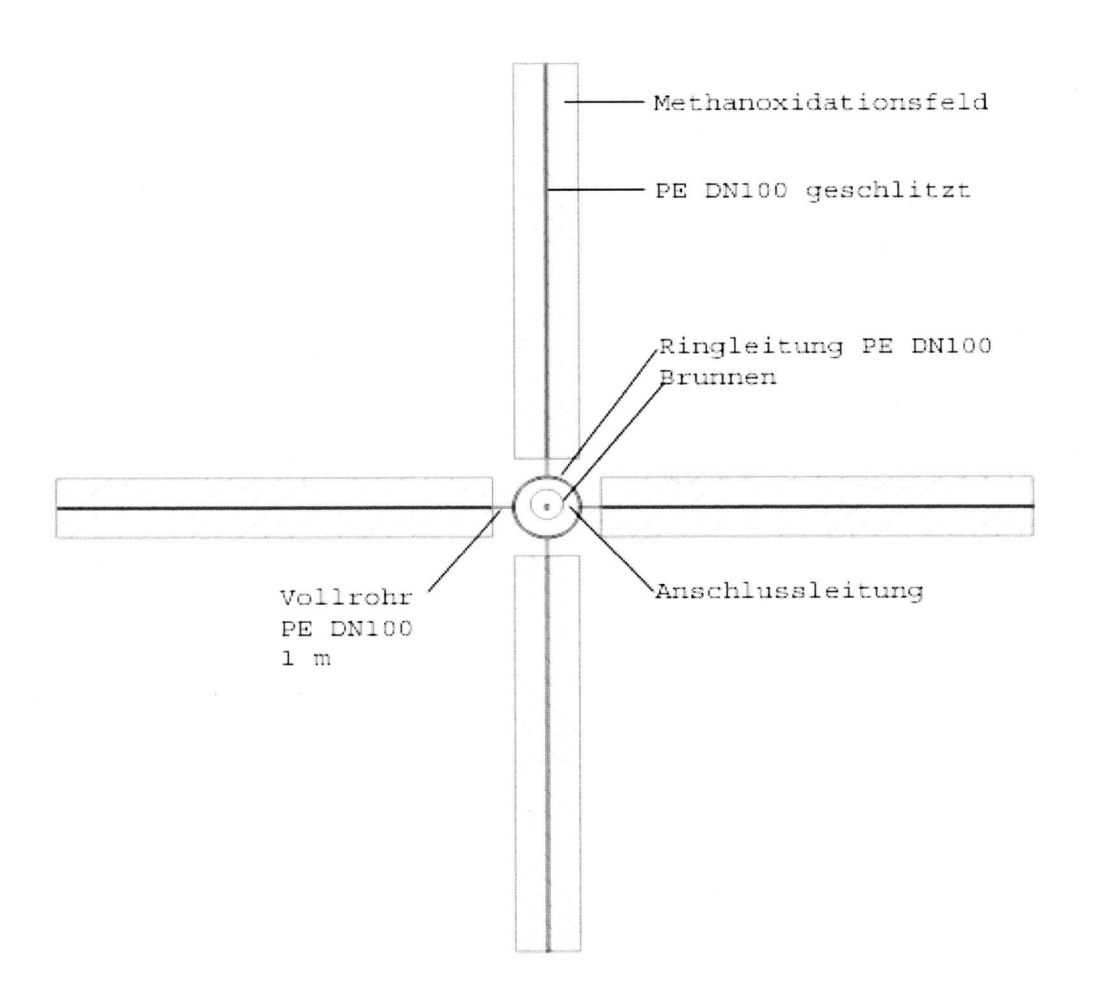

Methanoxidation in der Oberflächenabdeckung

Abbildung 27 System für dezentrale Methanoxidation über eine Ringleitung

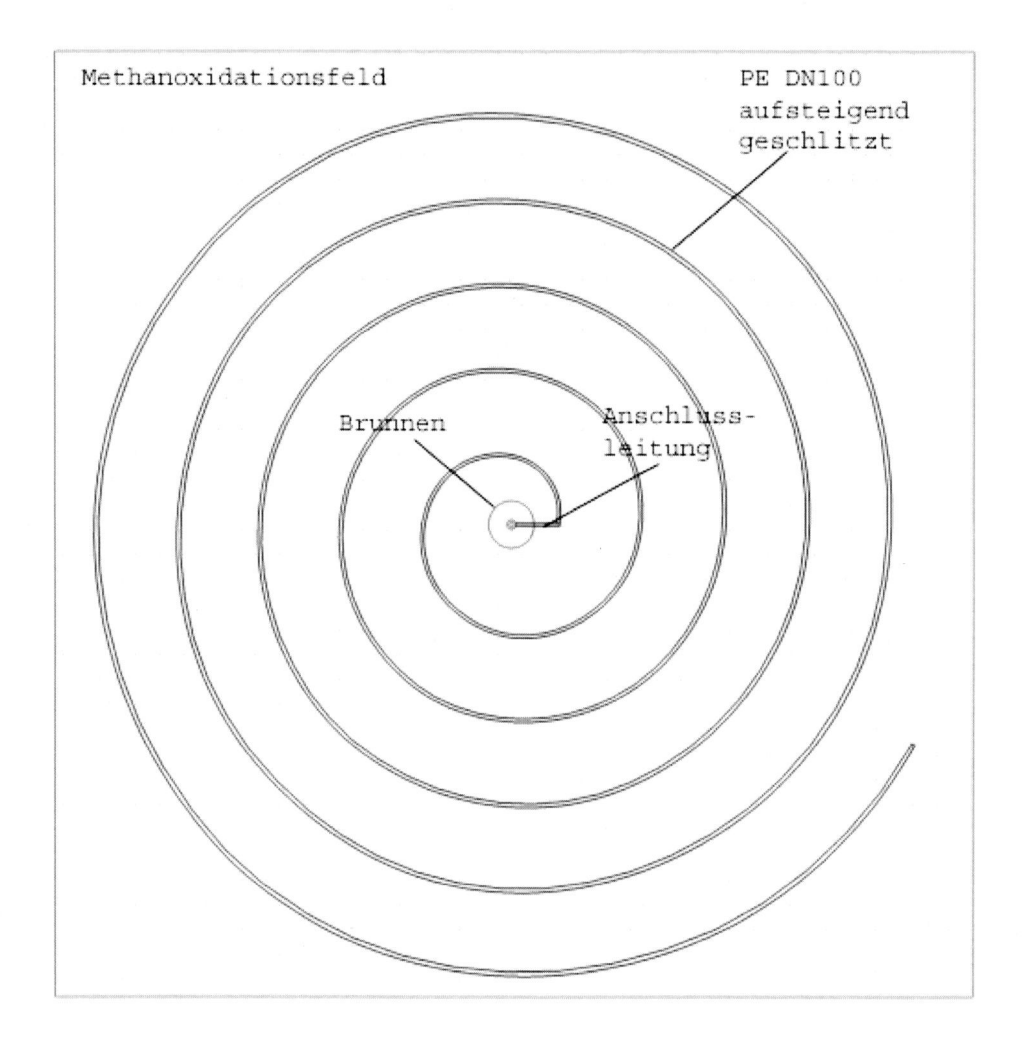

Methanoxidation in der Oberflächenabdeckung

Abbildung 28 spiralförmiges System für die dezentrale Methanoxidation

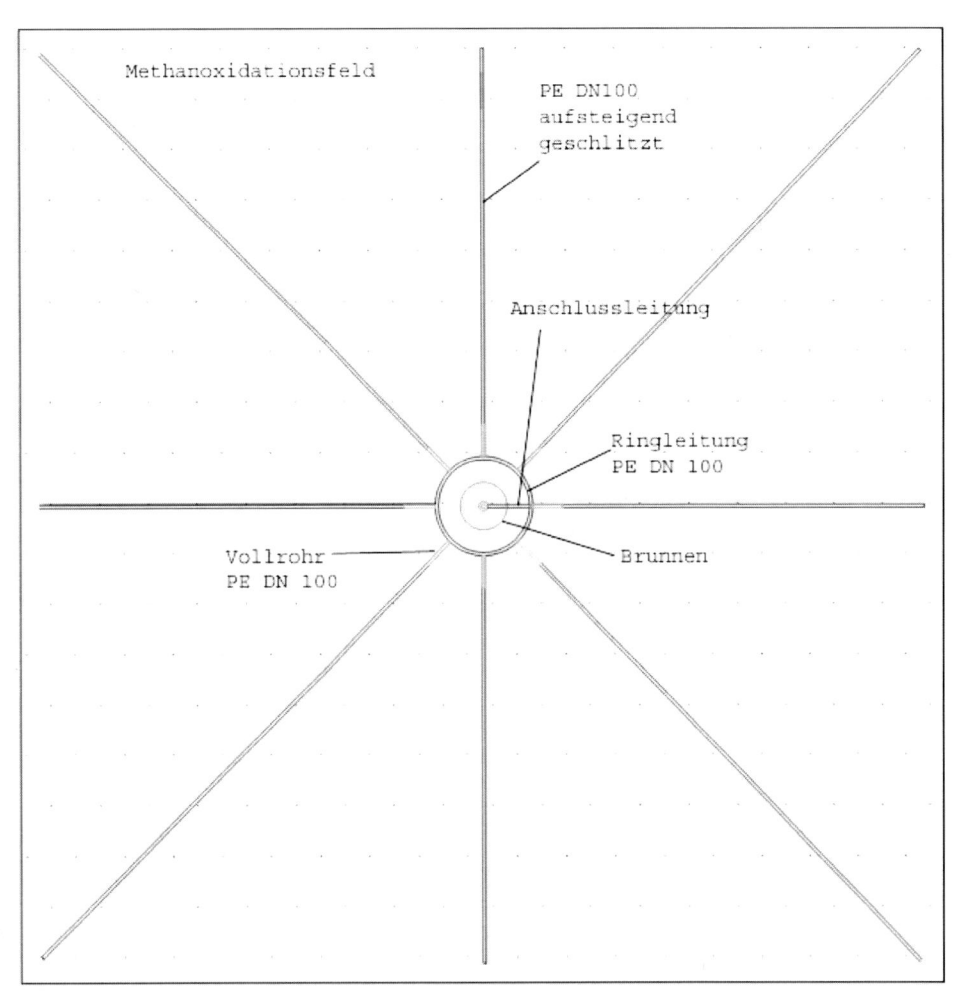

Methanoxidation in der Oberflächenabdeckung

Abbildung 29 Sternförmiges System mit Ringleitung über eine Fläche für die dezentrale Methanoxidation

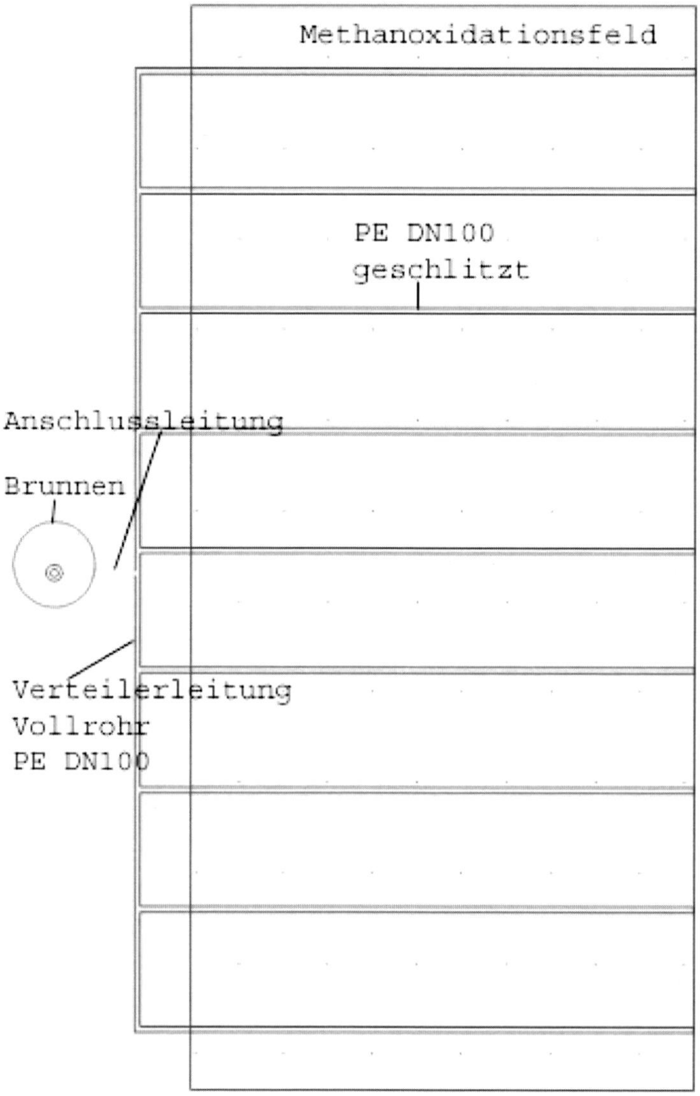

Methanoxidation in der Oberflächenabdeckung

Abbildung 30 System für die dezentrale Methanoxidation über einen Sammelbalken

Methanoxidation in der Oberflächenabdeckung

4.4.3 Aufbringung der Methanoxidationsschicht

Das Verfüllen der einzelnen Flächen kann mit einem Langstielbagger von vorläufig errichteten Baustraßen erfolgen.

4.4.4 Kontrolle der Oxidationsleistung

Aufgrund der überschaubaren Flächen können hier Methoden zur Bestimmung der Oxidationsleistung wie die Isotopenfraktionierung oder des Gas Push – Pull – Test angewendet werden.

Bei der *GPPT Methode* (Abbildung 30) wird ein Gasgemisch in den Boden mit der Intension eingebracht, dass Abbauprozesse im Boden stattfinden. Anschließend wird das Gas abgesaugt und periodisch beprobt. Aufgrund der Konzentrationsdifferenzen kann auf die Abbauleistung geschlossen werden. Weiterhin ist es möglich, die Gasdurchtrittsgeschwindigkeit zu ermitteln und somit die flächenbezogene Methanabbaurate zu berechnen [J.Gebert, J.Streese-Kleeberg]. Dadurch kann bei bekannter Eintrittsmenge bestimmt werden, welche Emission an der Oberfläche, als Flächenbelastung ausgedrückt, vorherrscht.

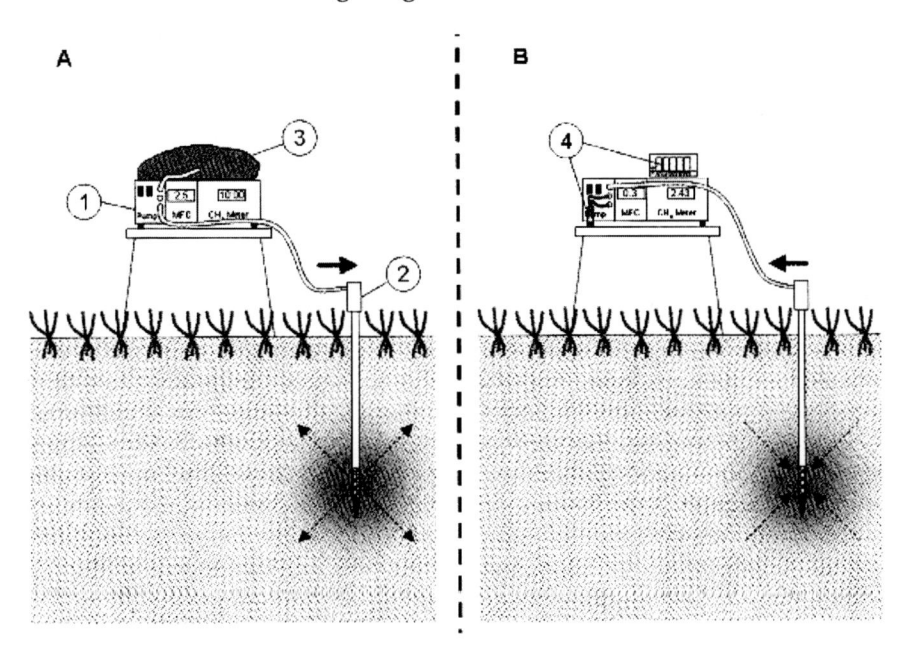

Abbildung 31 Verfahren des GPPT

Bei der *Isotopenfraktionierung* wird der Anteil leichter Isotope (^{12}C und ^{1}H) mit dem schwerer Isotope (^{13}C und ^{2}H) verglichen. Methanotrophe Bakterien bevorzugen leichte Isotope. Infolge dessen ist das Methanrestgas mit schwerem Methan angereichert. Unter Kenntnis des ursprünglichen Verhältnisses, welches standortspezifisch ist, kann auf den biologisch oxidierten Anteil geschlossen werden. Das austretende Methan wird mit Gasmesshauben erfasst und über Massenspektrometer analysiert.

Weiterhin müssen die unter Kap. 4.3.8 beschriebenen Methoden zur Messung der Bodenfeuchte, des Wassergehaltes und der Temperatur durchgeführt werden.

5 Entscheidungskriterien für den Umstieg aktiv / passiv

5.1 Ökonomische Aspekte

5.1.1 Verkürzung des Nachsorgezeitraums

Ein Ziel der Deponiebetreiber beim Einsatz der Methanoxidation ist die Reduzierung des Nachsorgezeitraums. Dies ist damit begründet, dass durch die passive Entgasung bei minimalen Emissionen die Deponie sich selbst überlassen werden soll. Im UFOPLAN wurde eine Entlassung aus der Nachsorge nach 10 Jahren unter der Vorraussetzung vorgeschlagen, dass weniger als $0,5 \text{ l } CH_4/(m^2 \text{ h})$ in die Rekultivierungsschicht eindringt und die maximale Flächenbelastung nicht größer als 25 ppm ist [R. Stegmann]. Dieser Vorschlag sollte in die Deponieverordnung übernommen werden. Mit dem Erscheinen der Verordnung zur Vereinfachung des Deponierechts vom 27. April 2009 wurden jedoch keine Angaben in Bezug auf den Nachsorgezeitraum gemacht. Dementsprechend ist die zuständige Behörde nach §11 DepV ermächtigt, den Abschluss der Nachsorgephase nach den Kriterien Anhang 5 Nummer 10 DepV festzustellen, wobei der Nachsorgezeitraum von der Abfallqualität und den vorherrschenden Randbedingungen abhängt. Ein konkreter Zeitraum für die Dauer der Nachsorge wird nicht genannt. Die oftmals angegebene Nachsorgedauer von 30 Jahren stellt auch nur eine betriebswirtschaftlich kalkulatorische Größe dar [16]. Für das Land Sachsen – Anhalt gelten nach den Vorgaben der Vollzugshilfe zum RdErl des MLU folgende einzuhaltende Angaben:

- kein Konzentrationsmittelwert < 10 ppm

- kein Einzelwert > 50 ppm

Entscheidungskriterien für den Umstieg aktiv / passiv

5.1.2 Nachsorgefolgekosten

Die Folgekosten können unterschieden werden in *Investitionskosten* und *zeitabhängige Kosten*. Die Investitionskosten können relativ genau bestimmt werden. Die Kalkulation der Folgekosten unterliegt der Varianz des Zeitpunktes bei welchen Investitionen getätigt werden müssen, evtl. Kostensteigerungen und der Nachsorgedauer. Hierbei ist das Ziel der Methanoxidationsschicht das Vermeiden eines Großteils der zeitabhängigen Kosten (Tabelle 13).

Maßnahmen aktiver Entgasung über den Nachsorgezeitraum	Maßnahmen passiver Entgasung über den Nachsorgezeitraum
FID – Begehungen zur Wirkungskontrolle des Entgasungssystems	Kontrollen der Oxidationsleistungen bzw. Nachweis der Einhaltung der vorgegeben Emissionsgrenzwerte
Deponiegasuntersuchungen	Bodenmonitoring (Temperatur, Bodenfeuchte, Nährstoffhaushalt)
Analysen Kondensat	Bodenadaptionen (evtl. umsetzen oder erneuern)
Emissionsmessungen an den Verbrennungsanlagen	Bodenpflege (bewässern, düngen)
Wartung / Reparatur	
Stromkosten	

Entscheidungskriterien für den Umstieg aktiv / passiv

Maßnahmen aktiver Entgasung über den Nachsorgezeitraum	Maßnahmen passiver Entgasung über den Nachsorgezeitraum
Neuanschaffungen zur Anpassung an Deponiegasveränderungen	

Tabelle 13 Vergleich der Nachsorgemaßnahmen aktive und passive Schwachgasbehandlung

5.2 Technische Aspekte

5.2.1 Technische Grenzen der Hochtemperaturfackel

Für den Betrieb von Hochtemperaturfackeln ist eine Verbrennungstemperatur von 1000 °C vorgeschrieben. Bei unterschreiten der Temperatur kommt es zu unerwünschten Emissionen. Um diese einzuhalten sind folgende Ausgangsparameter gegeben:

- minimale Wärmeleistung Fackel P_{min} = 60 kW
- Mindestmethangehalt Fackel c_F = 30 Vol.-%
- Verbrennungswärme Methan $h_{CH4} \approx$ 10 kWh/m³

Daraus lässt sich der minimale Absaugvolumenstrom der Fackel berechnen.

<u>Verbrennungswärme Brenngas</u>

$$h_B = \frac{c_F \cdot h_{CH_4}}{100} = \frac{30 \cdot 10 kWh/m^3}{100} \approx 3 kWh/m^3 \qquad (Gl.22)$$

<u>minimaler Absaugvolumenstrom der Fackel</u>

$$V_F = \frac{P_{min}}{h_B} = \frac{60 kW}{3 kWh/m^3} = 20 m^3 DG/h \qquad (Gl.23)$$

5.2.2 Messtechnische Erfassung der Gaszusammensetzung

Die DepV §12 (5) schreibt die regelmäßige Kontrolle der Gaszusammensetzung vor. Die vorhandene Messtechnik (Flügelradanemometer) kann Geschwindigkeiten (m/s) nur bis zu einem Wert von 0,6 messen. Bei einem Umrechnungsfaktor von 5,68 in einen Volumenstrom ergibt sich ein Wert von 3,5 m³ DG/h je Brunnen. Mit einem Methangehalt von 30 % entspricht das einem Wert von 1 m³ CH_4/h je Brunnen. Beim Erreichen dieses Wertes ist eine qualitative Bestimmung der Menge des vorhandenen Deponiegases je Brunnen nicht mehr gegeben. Allerdings ist diese Angabe in Zusammenhang mit den Gesamtströmen und -methangehalten zu sehen.

6 Kostenbetrachtung

Die Aufbringung der zentralen Methanoxidationsschicht macht grundsätzlich nur dann Sinn, wenn keine Oberflächenabdichtung vorhanden ist. Im Gegensatz dazu ist für die Installation dezentraler Systeme eine Oberflächenabdichtung notwendig. Als Oberflächenabdichtung können Kombinationsdichtungen oder mineralische Dichtungen aufgebracht werden. Die Kosten der Kombinationsdichtung liegen bei ca. 68 €/m² (Dichtung, Gasdrainage, Rekultivierungsschicht), die der mineralischen bei ca. 48 €/m² (Dichtung, Gasdrainage, Rekultivierungsschicht) (Tabelle 14) und die der zentralen Methanoxidation bei 28 – 63 €/m² je nach Wahl der Gasdrainage (Tabelle 15). Daher heben sich folglich die Kosten der herkömmlichen Oberflächenabdichtung gegenüber denen der zentralen Methanoxidation auf.

Leistung \ System	Kombinationsdichtung	Mineralische Dichtung
Dichtungssystem	Mineralische Dichtung: 20 €/m² KDB: 15 €/m² Schutzschicht: 5 €/m²	Mineralische Dichtung: 20 €/m²
Drainageschicht	10 €/m²	10 €/m²
Geotextil	3 €/m²	3 €/m²
Rekultivierungsschicht	15 €/m²	15 €/m²

Tabelle 14 Kostenaufstellung Kombinationsdichtung und mineralische Dichtung

Kostenbetrachtung

Leistung \ System	Zentrale Methanoxidation	Dezentrale Methanoxidation
Boden (Transport, Aufbringung)	15 €/m²	15 €/m²
Gasverteilerschicht	10 – 45 €/m²	10 – 45 €/m²
Trennfließ	3 €/m²	3 €/m²
Gasdrainrohre		15 €/m
Vollrohre		10 €/m
Anschlussleitungen		10 €/m

Tabelle 15 Kostenaufstellung zentrale und dezentrale Methanoxidation

Die dezentrale Methanoxidation erfordert eine Oberflächenabdichtung. Sofern diese vorhanden ist, können die Kosten mit 37 – 72 €/m² Oxidationsfläche veranschlagt werden (Tabelle 15). In dem Fall, dass eine Oberflächenabdichtung aufgebracht werden muss, sind zusätzlich ca. 9 €/m² Oxidationsfläche für Rohrleitungssysteme zu veranschlagen.

Der große Vorteil der Methanoxidation liegt in der Ersparnis der Kosten für die aktive Entgasung. Diese belaufen sich für den restlichen Nachsorgezeitraum auf 25.000 – 45.000 €/a (Tabelle 16).

Kostenbetrachtung

Nachsorgemaßnahme	pschl. Kosten	Häufigkeit	Jährliche Kosten
Versicherung	500 €	jährlich	500 €/a
Deponiegasuntersuchungen	310 €	halbjährlich	620 €/a
Analyse Kondensat	420 €	halbjährlich	840 €/a
Emissionsmessungen an den Verbrennungsanlagen	6.000 €	Alle 3 Jahre	2.000 €/a
Optimierung der Entgasung/Absaugregime	10.000 €	wöchentlich	10.000 €/a
Wartung / Reparatur	4.600 €	jährlich	4.600 €
Verdichterstation mit Fackel	100.000 €	einmalig	
Vocsi – Box	100.000 €		
Leistung [kW]	3 – 5		7.200 €
	20 - 35	jährlich	28.800
Strompreis	0,18 cent	jährlich	
Betriebsstunden	8.000		
Summe			25.760 €/a
			47.360 €/a

Tabelle 16 Kostenaufstellung aktive Entgasung

7 Fallbeispiel

7.1 Allgemeine Situation

Die Deponie wurde als Grubendeponie mit Aufhaldung zur Ablagerung von Siedlungsabfällen von 1975 bis 2002 betrieben und besitzt eine Gesamtgröße von 4,8 ha. Als Ablagerungsstätte dient eine ehemalige Kiesgrube, welche ab dem Jahre 1975 mit Abfällen befüllt wurde. Angaben zu eingebrachten Abfallmengen und Abfallarten wurden erst ab dem Jahr 1990 genauer dokumentiert. Für den Zwischenzeitraum liegen keine Daten vor. Der ursprüngliche Kippeinbau wurde im Laufe der Zeit durch den Einsatz eines Kompaktors (ab 1994) in einen hochverdichteten Einbau ersetzt. Vorwiegend wurden bis zum Ende der Befüllung im Jahr 2002 feste Siedlungsabfälle (bis zu 80 % zwischen 1994 und 2002) eingelagert. Dazu kamen Industriemüll, Bauschutt und Baustellenabfälle. Aus diesem Grund ist die Deponie in die Deponieklasse II einzugliedern. Das Einlagerungsvolumen liegt knapp unter 990.000 m³ mit einer eingebrachten Abfallmenge von ca. 790.000 Mg. 2002 wurde die Deponie stillgelegt. Eine temporäre Oberflächenabdeckung wurde im Jahr 2003 aufgebracht, um das Eindringen von Niederschlagswasser und das Austreten von Deponiegas zu reduzieren. Als erneute, endgültige Abdeckung ist eine Rekultivierungs-/ Wasserhaushaltsschicht geplant. Rekultivierungs- und Wasserhaushaltsschichten sind in der neuen Deponieverordnung von 2009 mit Anforderungen in Hinblick an die Mächtigkeit und das Wasserspeichervermögen versehen worden. Wasserhaushaltschichten können nun für die Deponieklassen I und II unter Einhaltung der Anforderungen eine Dichtungskomponente ersetzen. Für die Einhaltung der Anforderungen an das Wasserspeichervermögen und Aufbau einer verdunstungsintensiven Vegetation sind neben einer ausreichenden Mächtigkeit ein sandig – schluffig - lehmiger Boden mit einer ausreichenden nutzbaren Feldkapazität und Luftkapazität erforderlich. Gemäß DepV sind Wasserhaushalts-/Rekultivierungsschichten locker einzubauen [17].

Fallbeispiel

7.2 Entgasungsparameter und HT - Fackel

Das Deponiegas wird über 18 installierte Brunnen aus dem Deponiekörper abgesaugt und wird zur Entsorgung einer HT-Fackelanlage zugeführt. Das abgesaugte Gas wird über eine Gassammelstation über die Gasverdichterstation zur Fackel geleitet. Die Fackel ist für eine Leistung von 150 - 1500 kW ausgelegt, bei einem Deponiegasvolumenstrom von 30 - 300 m3/h. Der Verdichter hat einen Durchsatz von 60 - 250 m3/h. Für eine HT-Fackel ist ein Methangehalt von ≥ 30 Vol.-% erforderlich.

2009	V_N [m³/h]	CH_4 [Vol.-%]	CO_2 [Vol.-%]	O_2 [Vol.-%]
GB 14	2,8	31,0	25,8	0,0
GB 13	0,2	14,3	22,4	0,1
GB 15	7,4	39,1	28,8	0,0
GB 17	10,7	42,2	29,4	0,0
GB 16	4,7	32,4	27,2	0,0
GB 12	0,2	15,1	17,1	0,1
GB 18	6,5	35,3	25,3	0,0
GB 4/19	12,6	42,3	27,3	0,0
GB 5	18,1	45,7	27,9	0,0
GB 6	15,4	43,6	25,4	0,0
GB 2	6,4	35,4	23,1	0,0
GB 1	5,8	35,9	22,3	0,0
GB 7	6,8	38,5	23,1	0,0
GB 3	0,4	24,5	21,3	0,0
GB 8	1,0	22,0	21,2	0,0
GB 9	0,6	10,5	15,4	0,0
GB 10	0,4	26,4	22,9	0,0
GB 11	1,8	22,8	23,2	0,0
Summe	101,8			
Mittelwert		39,6		

Tabelle 17 Entgasungsparameter Einzelgasbrunnen

Ein Vergleich mit der aktuellen Deponiegasprognose zeigt, dass ein Gleichgewicht zwischen abgesaugtem und produziertem Deponiegas eingestellt ist.

Fallbeispiel

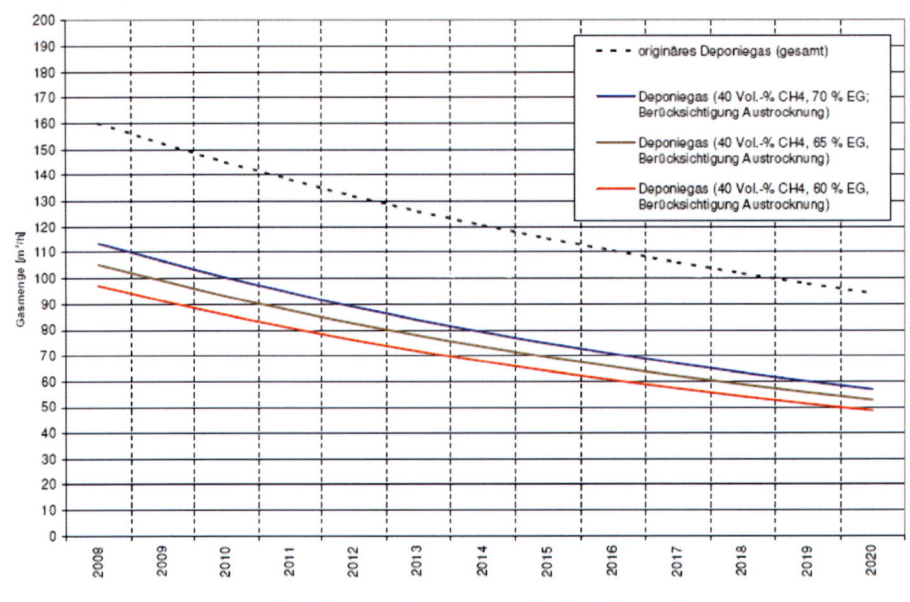

Tabelle 18 Deponiegasprognose für das Fallbeispiel

Durch exponentielle Ermittlung eines Abbaufaktors über die Entgasungsganglinien (Anlage 3) mit 120 Messwerten pro Jahr und Fortführung der Werte (Anlage 4) ergibt sich, dass im Jahr 2015 ein neuer Verdichter angeschlossen und die Fackelleistung angepasst werden muss. Durch Anpassung der Leistung und Installation eines neuen Verdichters könnte der Fackelbetrieb noch bis zum Jahr 2018 aufrechterhalten werden (Anlage 5). In der Besaugung wären dann noch 4 Brunnen.

7.3 Umsetzung eines Methanoxidationsverfahren

7.3.1 Durchführungsvorschlag

Wenn die Oberflächenabdeckung als Methanoxidationsschicht dienen soll, sollte ca. 50 % Fertigkompost (TOC ≈ 20 %) hinzugegeben werden. Durch diese Zugabe wird der Nährstoffhaushalt sichergestellt, sowie eine zusätzliche Bodenauflockerung, Steigerung der Lk und nFk erreicht. Die zusätzlichen Investitionskosten wurden somit lediglich auf diese Zugabe beschränken, sofern eine Gasdrainschicht für die Wasserhaushaltsschicht vorgesehen ist. Auf Grund der hier vorhandenen Oberflächenabdeckung mit einem Durchlässigkeitsbeiwert von $> 1 \times 10^{-6}$ m/s ist nach Gleichung 4 ein ausreichender Gasaustritt nicht möglich. Aus diesem Grund ist die zentrale Methanoxidation für diese Deponie nicht zielführend. Dementsprechend kann hier eine dezentrale Variante durchgeführt werden. Für die Installation der dezentralen Systeme können drei Flächen, im Rahmen der Aufbringung der Wasserhaushaltsschicht, angelegt werden. Die Flächen liegen jeweils im Raum benachbarter Brunnen. Als System wird das aus Abbildung 31 genutzt. Dieses bietet den Vorteil einer gleichmäßigen Ausbreitung des Gases. An die Verteilerleitung werden, der Anzahl der Brunnen entsprechend, Anschlussleitungen installiert. Mit diesen können die Brunnen verbunden werden. Die Brunnen werden unterirdisch besaugt. An den Brunnenhälsen sind zusätzliche Stutzen angebracht, an denen die Leitungen installiert werden können. Bei Abschalten eines Brunnen kann dann die Leitung für die aktive Entgasung geschlossen und die für die passive geöffnet werden. Das hat den Vorteil, dass zwischen aktiver und passiver Entgasung gewechselt werden kann und ein einfaches Umschalten möglich ist. Für das Oxidationsmaterial ist beispielsweise Klärschlammkompost oder Fertigkompost mit Zugabe von Strukturmaterial zu verwenden. Diese sind kostengünstig und einfach in der Aufbringung. Die Gasverteilerschicht sollte 0,4 m nicht unterschreiten. Das für die Kostenermittlung verwendete Kiesschotter - Gemisch (45 €/m²) ist nicht zwingend zu verwenden.

7.3.2 Flächenauslegung

Für die Auslegung der Flächen werden hier die Entgasungsparameter verwendet werden. Für die Dimensionierung der Flächen wird hier eine Flächenbelastung von 5 l CH_4/(m² h) verwendet. Die Flächen ergeben sich aus Gleichung 21. Durch einen Sicherheitsaufschlag von 20% und dadurch, dass die Methanrate bis zur Installation der letzten Brunnens stark zurück geht, sind die angegeben Flächen ausreichend dimensioniert.

Brunnen	Jahr	V_{CH4} l/h	A m²
GB 9	2010	50	10
GB 13	2010	24	5
GB 12	2010	26	5
GB 8	2011	179	40
GB 3	2012	68	15

Fallbeispiel

GB 11	2012	379	80
GB 10	2013	70	15
GB 18	2013	1399	300
GB 16	2014	737	150
GB 1	2014	1122	250
GB 7	2015	1246	250
GB 15	2015	1563	300
GB 2	2015	1388	300
GB 14	2015	751	150
GB 17	2015	2945	600
GB 4/19	2015	2880	600
GB 5	2015	4470	900
GB 6	2015	4379	900
Summe			4870

Tabelle 19 Einzelflächen für die passive Entgasung

Fläche 1 Brunnen	A m²	Fläche 2 Brunnen	A m²	Fläche 3 Brunnen	A m²
13	5	2	300	1	250
14	150	3	15	5	900
15	300	10	15	6	900
16	150	11	80	7	250
17	600	12	5	8	40
4/19	600			9	10
18	300				
Summe	2105		415		2350
20 % Aufschlag	2500		500		2800

Tabelle 20 Zusammenfassung der Einzelflächen zu 3 Teilflächen

7.3.3 Kostenschätzung

	Vollrohr m	Drainrohr m	Oxidationsmaterial m³	Gasverteilerschicht m³
Fläche 1				
Menge	70	1.000	2.500	1.000
Kosten in €	700	15.000	37.500	45.000

Fallbeispiel

Fläche 2					
Menge	50	220		500	200
Kosten in €	500	3.300		7.500	9.000
Fläche 3					
Menge	63	1.320		2.800	1.120
Kosten in €	630	19.800		42.000	50.400
Zwischensumme in €	1.830	38.100		87.000	104.400
Trennfließ in €	17.400				
Menge Verbindungs-Leitungen in m	ca. 900				
Kosten Verbindungs-Leitungen in €	9.000				
Gasabsperrklappe in €/Br.	170				
Anschlussleitungen in €/Br.	10				
Gesamtkosten Technische Ausrüstung in €	52.170				
Gesamtkosten in €	260.970				

Tabelle 21 Kostenschätzung für das dezentrales System

7.3.4 Übersichtsplan

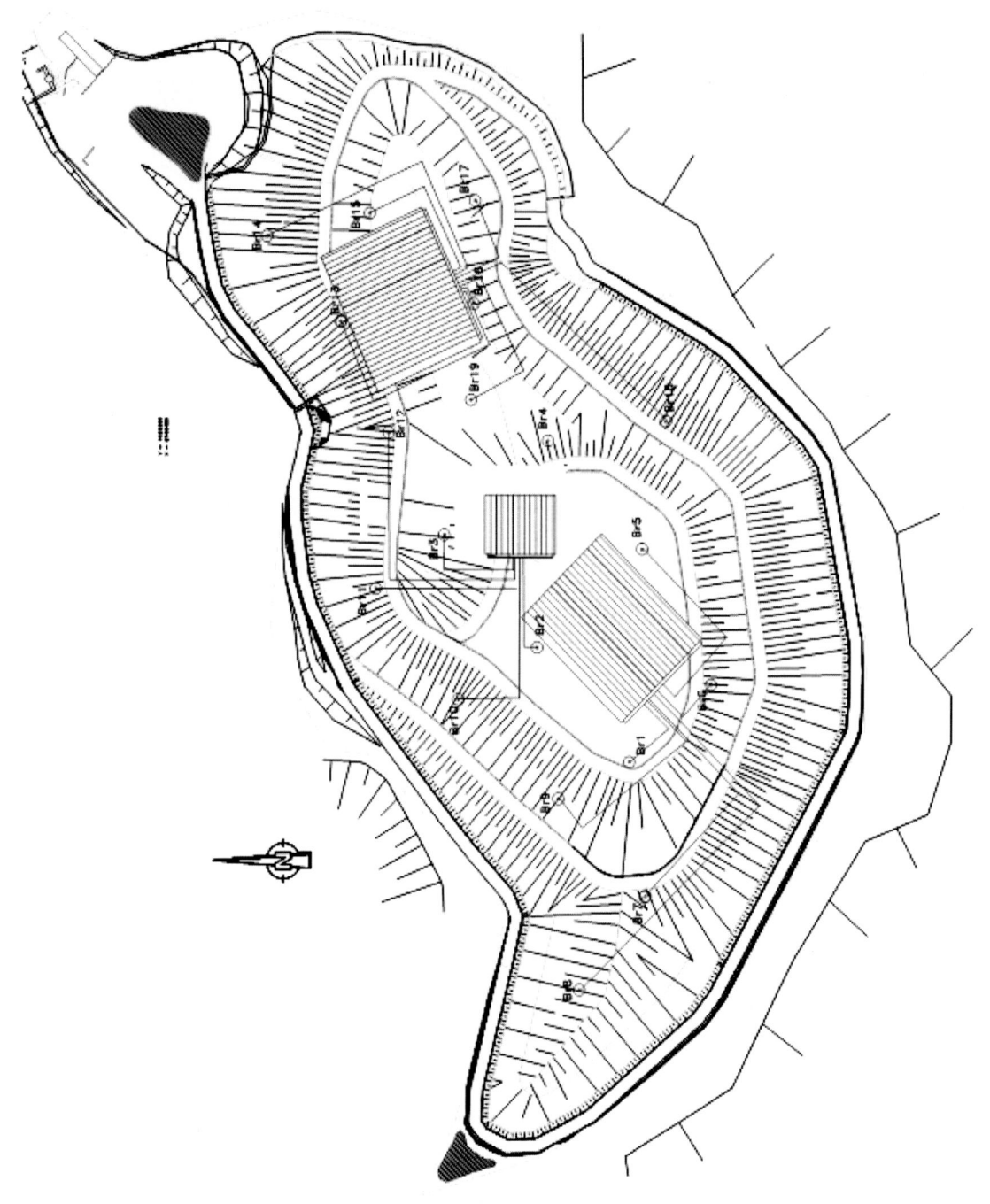

Abbildung 32 Übersichtsplan dezentrales System

8 Schlusswort

Ziel der Studie war die Zusammenstellung der Einsatzmöglichkeiten der Methanoxidation in der Oberflächenabdeckung. Zu betrachten waren die Varianten der zentralen und dezentralen Methanoxidation. In diesem Zusammenhang wurde auf die Reaktionskinetik verschiedener Bodenarten auf Grund vorliegender Untersuchungen eingegangen. Für die Nutzung der Methanoxidationsschicht als endgültige Oberflächenabdeckung sind mehrere Bodeneigenschaften zu berücksichtigen, was mit aufwendigen Kontrollmaßnahmen verbunden ist. Weiterhin waren der Verfahrensablauf der zentralen Methanoxidation sowie die technische Durchführung der dezentralen Methanoxidation Schwerpunkte dieser Arbeit. Das Ergebnis der Untersuchungen lässt einen qualitativen sowie quantitativen Vergleich der Verfahren zu. Dieser zeigt, dass, um die Kontrollmaßnahmen sowie die Emissionssituation in einen überschaubaren Rahmen zu bringen, der dezentralen Methanoxidation der Vorzug zu geben ist.

Zentrale Methanoxidation	Dezentrale Methanoxidation
Aufwendige Bestimmung der vorhandenen Emissionen	Einfache Bestimmung des Gasvolumenstromes über die Entgasungsparameter möglich
Aufwendige Kontrollmaßnahmen auf Grund der großen Flächen	Bessere Kontroll- und Adaptionsmaßnahmen auf Grund überschaubarer Flächen
Einfachere technische Ausführung, bei optimalen Verhältnissen	Höherer technischer Aufwand

Schlusswort

Zentrale Methanoxidation	Dezentrale Methanoxidation
Inhomogenes Austreten des Gases	Gleichmäßiges Verteilen des Gases in den Schichten

Tabelle 22 Qualitative Gegenüberstellung zentrale und dezentrale Methanoxidation

Abbildungsverzeichnis

Abbildung 1 Biochemische Vorgänge der Biogasentstehung — 5

Abbildung 2 Deponiegasphasen nach Rettenberger — 6

Abbildung 3 Verfahrensschema für die Verbrennung von Schwachgasen mit der Schwachgasfackel — 8

Abbildung 4 Verfahrensschema für die Behandlung von Schwachgasen mit der Vocsi - Box — 8

Abbildung 5 Wirbelschichtfackel — 9

Abbildung 6 Verfahrensschema CHC — 10

Abbildung 7 Reaktionsablauf Methanoxidation — 11

Abbildung 8 Stofftransport in der Methanoxidationsschicht — 12

Abbildung 9 Abhängigkeit der Oxidationsleistung vom Wassergehalt und der Temperatur — 12

Abbildung 10 Beispielhafter Aufbau eines Biofilter — 13

Abbildung 11 aktiv betriebener Bi — 14

Abbildung 12 relative Abbaurate im Biofilter — 14

Abbildung 13 zentrale Methanoxidation — 15

Abbildung 14 dezentrale Methanoxidation — 15

Abbildung 15 Abhängigkeit Stickstoffgehalt und Phosphorgehalt in Böden von TOC — 17

Abbildung 16 Beeinflussung des Wasserrückhaltevermögen und der Zugabe von ORC — 18

Abbildung 17 Ergebnisse eines Batchversuches zur Untersuchung der maximalen Bodenbelastung mit Deponiegas — 22

Abbildung 18 Prinzipieller Aufbau der Methanoxidationsschicht — 23

Abbildung 19 Funktionsprinzip der Boxenmessung — 31

Abbildung 20 Einflussgrößen auf die Standsicherheit an Böschungen — 37

Abbildung 21 Dreidimensionales Gitter zur Erhöhung der Standsicherheit — 39

Abbildung 22 Absaugregime — 42

Abbildung 23 Entgasungsparameter Brunnen 3 — 47

Abbildungsverzeichnis

Abbildung 24 Entgasungsparameter Brunnen 2 … 48

Abbildung 25 Entgasungsparameter Brunnen 1 … 48

Abbildung 26 System für die dezentrale Methanoxidation über zwei Anschlussleitungen … 50

Abbildung 27 System für dezentrale Methanoxidation über eine Ringleitung … 51

Abbildung 28 spiralförmiges System für die dezentrale Methanoxidation … 52

Abbildung 29 Sternförmiges System mit Ringleitung über eine Fläche für die dezentrale Methanoxidation … 53

Abbildung 30 System für die dezentrale Methanoxidation über einen Sammelbalken … 54

Abbildung 31 Verfahren des GPPT … 55

Abbildung 32 Übersichtsplan dezentrales System … 70

Tabellenverzeichnis

Tabelle 1 Leistung verschiedener aktiver Schwachgasverfahren bezogen auf den Methangehalt	7
Tabelle 2 Eigenschaften verschiedener Böden für die Eignung als Methanoxidationsschicht	19
Tabelle 3 Versuche zur Untersuchung der Oxidationsleistung verschiedener Aufbauten und Materialien	21
Tabelle 4 Erforderliche Bodeneigenschaften für den Einsatz der Methanoxidation als Oberflächenabdeckung	23
Tabelle 5 Mögliche Methoden zur Bestimmung der von aus dem Deponiekörper austretenden Emissionen	29
Tabelle 6 Vergleich Boxen- und FID - Messung zur Ermittlung des Korrekturfaktors	32
Tabelle 7 Vergleich der Eigenschaften verschiedener Kunststoffarten	35
Tabelle 8 Eigenschaften PTFE	35
Tabelle 9 Reibungswinkel verschiedener Bodenarten	38
Tabelle 10 Messergebnisse eines Deponieabsaugversuchs	45
Tabelle 11 Ergebnisse einer Deponiegasprognose auf Grund von Bohrgutanalysen	46
Tabelle 12 Gegenüberstellung der Ergebnisse vom Deponieabsaugversuch, Bohrgutanalyse, Entgasungsparameter	49
Tabelle 13 Vergleich der Nachsorgemaßnahmen aktive und passive Schwachgasbehandlung	59
Tabelle 14 Kostenaufstellung Kombinationsdichtung und mineralische Dichtung	61
Tabelle 15 Kostenaufstellung zentrale und dezentrale Methanoxidation	62
Tabelle 16 Kostenaufstellung aktive Entgasung	63
Tabelle 17 Entgasungsparameter Einzelgasbrunnen	65
Tabelle 18 Deponiegasprognose für das Fallbeispiel	66
Tabelle 19 Einzelflächen für die passive Entgasung	68

Tabellenverzeichnis

Tabelle 20 Zusammenfassung der Einzelflächen zu 3 Teilflächen — 68

Tabelle 21 Kostenschätzung für ein dezentrales System — 69

Tabelle 22 Qualitative Gegenüberstellung zentrale und dezentrale Methanoxidation — 72

Quellenverzeichnis

Bernd Engelmann, 2003 - 19. Fachtagung „Die sichere Deponie" 13./14. Februar 2003, „Die Umsetzung der EU - Deponierichtlinie in deutsches Recht" URL:http://www.akgws.de/tagungen/vortraege_pdf/Vortraege-19 skz2003/A_Engelmann.pdf

Christoph Lampert, Elisabeth Schachermeyer, 2008 - Erfasste Deponiegasmengen auf österreichischen Deponien 2002 - 2007, URL: http://www. umweltbundesamt.at/fileadmin/site/publikationen/REP0100.pdf

DEPOSERV - Ergebnisbericht Deponieabsaugversuch, 2005

Dr. Rodrigo, A. Figueroa, 1998 - „Gasemissionsverhalten abgedichteter Deponien" Untersuchungen zum Gastransport durch Oberflächenabdichtungen sowie zum mikrobiellen Abbau von Methan und FCKW´s in Rekultivierungsschichten

G. Weißbach, H. Müller, V. Schulkies - Hochschule Magdeburg - Stendal: Scripte Praktikum Thermische Abfallbehandlung 2008

Hans Eschey, Roland Haubrichs, 2007 - LAMBDA Gesellschaft für Gastechnik mbH „Durchgängiges Deponiegas - Behandlungskonzept mit herkömmlichen und innovativen Verfahren über den gesamten Methanbereich", URL: http://www.lambda.de/ aktuelles/Dokumente/ Durchgaengiges_ Behandlungskonzept_2007.pdf

Helmholz - Zentrum für Umweltforschung UFZ „Leistungen optimierter Rekultivierungsschichten für die Methanoxidation"

IHU Geologie und Analytik - Bohrgutanalyse, Prüfbericht Nr. 10 04 009, 2004

Quellenverzeichnis

J.Gebert, J.Streese – Kleeberg – „Methanoxidation an der Deponieoberfläche" URL: http://www.mimethox.de/Gebert_Streese-Kleeberg_Deponietechnik% 2020 08 pdf

Klaus Kröger, 2006 - „Deponiegas – Zusammenstellung" Information über Biologische Prozesse, Gefahren, Überwachung, Optimierung, Technische Auslegung, Anregungen, Empfehlungen; URL: http://www. dmskroeger.de/Deponieentgasung.pdf

Landesamt für Umweltschutz Sachsen – Anhalt (LAU - SA), Abschlussbericht „Untersuchung zum Einsatz von Rekultivierungs-/Methanoxidationsschichten auf Deponien des Landes Sachsen – Anhalt", Förderkennzeichen: FKZ 76213/04/05-4, DEPOSERV, Magdeburg – Barleben, 23.02.2007

Landesamt für Umweltschutz Sachsen – Anhalt (LAU - SA)„Anforderungen an die Rekultivierungs- /Methanoxidationsschicht für Deponien in Sachsen – Anhalt" Teilprojekt 1, Projektnummer: 116731, G.E.O.S. Freiberg, Halsbrücken, 13.12.2006

M. Humer, P. Lechner – „Deponiegasentsorgung von Altlasten mittels Mikroorganismen", URL: http://www.wau.boku.ac.at/fileadmin /_/ H81/ H813/IKS_Files/AktuelleForschungsthemen/Methanoxidation/ Deponiegasentsorgung_mit_Mikroorg.pdf

M. Humer, P. Lechner - „Methanablagerungen von Altablagerungen – Leistungsfähigkeit und Aufbau eines System zur biologischen Methanoxidation"

M. Kranert, 2009 – „Zeitgemäße Deponietechnik 2009 – Deponieverordnung – Chancen und Umsetzung"

Quellenverzeichnis

M. Huber – Humer, 2008 – „Technischer Leitfaden – Methanoxidationsschichten" URL: http://www.itvaltlasten.de/ fileadmin/user_upload/ Downloads /Leitfaden_Methanoxidationsschichten_Gelbdruck.pdf

Martin Bonnet – „Kunststoffe in der Ingenieuranwendung: Verstehen und zuverlässig auswählen"

R. Kahn, 2000 – Brandenburgische Umweltberichte, „MBA – Abluftreinigung mittels nichtkatalytischer Oxidation – Kosten und Optimierungspotentiale" URL: http:// opus.kobv.de/ubp/volltexte/2005/325/pdf/ BUB06083. pdf

R. Stegmann – In Situ Stabilisierung als Maßnahme zur kalkulierbaren Beendigung der Deponienachsorge, URL: http://www.ifas-hamburg.de / pdf/ 8Stegmann.pdf

Rettenberger/Stegmann (2003) - Trierer Berichte zur Abfallwirtschaft Band 14 „Stillegung und Nachsorge von Deponien – Schwerpunkt Deponiegas"

Rettenberger/Stegmann, 2009 - Trierer Berichte zur Abfallwirtschaft Band 18 „Stillegung und Nachsorge von Deponien – Schwerpunkt Deponiegas"

Verordnung zur Vereinfachung des Deponierechts – Artikel 1 Deponieverordnung, 2009

Vollzugshilfe zum Runderlass des MLU vom 06.04.2004 „Auswahl von alternativen Oberflächenabdichtungssystemen von Deponien"

W.H. Stachowitz, 2008 – „Schwachgaskonzepte anhand der Deponie Wörth, Mainz – Budenheim, Penig und Buckenhof" URL: http://www.dasib.de/mitteilungen/wasteconsult_Schwachgaskonzepte.pdf

Quellenverzeichnis

Internetseiten o. V.

[1]   http://www.kfu-envirotech.de/archive.htm

[2]   http://edoc.hu-berlin.de/dissertationen/agrar/breitenbach-edda/HTML/breitenbach-ch2.html

[3]   http://www.hlug.de/medien/boden/fisbo/bs/methoden/m49.html

[4]   http://pages.unibas.ch/environment/Studium/Lect_HS09/Bodenkunde/Kap_4_Koernung_Poren.pdf

[5]   http://www.landwirtschaft.sachsen.de/de/wu/Landwirtschaft/lfl/inhalt/8918_8924.htm

[6]   http://books.google.de/books?id=sbPvheoPYboC&pg=PA493&lpg=PA493&dq=nutzbare+feldkapazit%C3%A4t%2Bschluff&source=bl&ots=5DWfimXAvX&sig=ICzo0hPDaRWZa53cT48NF_KUURI&hl=de&ei=BLtMS8ugE9GL_AbM14GgDg&sa=X&oi=book_result

[7]   http://www.arbeitshilfen-abwasser.de/HTML/kapitel/A5-6OpenEndTest.html

[8]   http://www.lrz-muenchen.de/~t5412cs/webserver/webdata/download/skript/vorl-g- o.pdf

[9]   http://www.giub.uni-bonn.de/mkrautblatter/1_5_ueb.pdf

[10] http://homepages.fh-giessen.de/~hg8195/Skripte/Boden.pdf

[11] http://www.weka.de/handwerk/mediadb/69260/91224/5999_M-Seiten_5999_01.pdf

[12] http://www.ansyco.de/CMS/frontend/index.php?idcatside=27

[13] http://www.fachdokumente.lubw.baden-wuerttemberg.de/servlet/is/10097/aug340006.html?COMMAND=DisplayBericht&FIS=203&OBJECT=10097&MODE=BER&RIGHTMENU=null

[14] http://132.180.112.26/wasser-verbindet/karten/bodenschaetz.html

[15] http://www.hug-technik.com/inhalt/ta/kunstoff.htm

[16] http://www.brandenburg.de/cms/media.php/2322/depvo.pdf

Quellenverzeichnis

[17]   http://www.ziel-3.de/de/publikationen/einzelansicht.html?tx_ttnews[cat]= 7& tx_ttnews[pointer]= 1&tx_ttnews[tt_news]=13&tx_ttnews[backPid]=69&cHash= dc b3860e06

Anlagenverzeichnis

Anlage 1	Berechnungsblatt zur Ermittlung des Korrekturfaktors
Anlage 2	Deponiegasprognose
Anlage 3	Entgasungsganglinien Einzelgasbrunnen
Anlage 4	Prognose Entgasungsparameter
Anlage 5	Prognose zur technischen Einsatzmöglichkeit der HT – Fackel

Anlagen

Anlage 1

Messpunkte Basismessung ΣKorr = 55,62 m³/h		gemess. Konzentrationsanteil Methan		Emissionen pro m² Deponiefläche		Berechnung der FID-Messung auf 1 m³ (Mittelwert) [ppm]	Berechnete FID Emissionsrate über FID [l/m²/h]	FID-Gerätefaktor = 0,013	
Lage Messpunkte und Meteorologie		Kamin [ppm]	Sicher [g/cm²]	qA -CH4 [l/m²/h]	qA -DG [l/m²/h]			Korrigierter FID	Wiederfindung [%]
MP 01 Lage: Plateau nordwest GR0 Wind in Bodennähe 0,2-1 m/s aus W	Temperatur 31,0 °C Luftdruck 998 mbar 03.08.2006	2.067,0	4,0	116,89	312,00	1.680,5	25,88	4.596	22,2
MP 02 Lage: Plateau ost GR2 Wind in Bodennähe 0,2-1 m/s aus W	Temperatur 24,0 °C Luftdruck 998 mbar 03.08.2006	313,0	1,0	17,89	32,15	1.521,4	19,78	0,894	11,8
MP 03 Lage: Plateau nordwest GR1 Wind in Bodennähe 0,2-1 m/s aus W	Temperatur 25,0 °C Luftdruck 998 mbar 03.08.2006	731,6	2,0	46,24	74,58	435,6	8,66	6.578	15,1
MP 04 Lage: Böschung nordwest GR1 Wind in Bodennähe 0,2-1 m/s aus W	Temperatur 25,4 °C Luftdruck 998 mbar 03.08.2006	9.705,0	6,0	547,90	296,19	4.108,8	63,48	10.258	9,7
MP 05 Lage: Plateau west GR1 Wind in Bodennähe 0 m/s	Temperatur 24,4 °C Luftdruck 998 mbar 03.08.2006	145,6	9,0	7,72	14,04	74,9	9,97	7.828	12,0
MP 06 Lage: Böschung südwest GR2 Wind in Bodennähe 0-2,5 m/s aus N	Temperatur 25,0 °C Luftdruck 998 mbar 03.08.2006	436,7	8,0	22,78	41,38	652,6	8,61	2.042	37,8

Korrekturfaktor: 3,460

Anlage 2

Jahr	Frischmüllmenge t	Deponiegas (gesamt) m³/h	Dg aus kurzfristig abbaubarer kWOS m³/h	Dg aus mittelfristig abbaubarer kWOS m³/h	Dg aus langfristig abbaubarer kWOS m³/h	Erfassungsgrad 40% m³/h	Erfassungsgrad 50% m³/h	Erfassungsgrad 60% m³/h	Erfassungsgrad 75% m³/h
1995	16.400	101	49	30	22	40	50	61	76
1996	17.050	117	55	36	26	47	58	70	88
1997	16.700	130	60	41	29	52	65	78	98
1998	16.750	142	64	45	33	57	71	85	106
1999	12.100	150	65	49	36	60	75	90	112
2000	12.180	155	65	51	38	62	77	93	116
2001	11.680	158	64	53	41	63	79	95	119
2002	11.260	161	63	55	43	64	80	96	121
2003	9.000	161	61	56	44	65	81	97	121
2004	9.260	161	58	57	46	64	81	97	121
2005	4.500	158	54	57	46	63	79	95	119
2006	0	151	48	56	46	60	75	90	113
2007	0	141	41	54	46	56	70	85	106
2008	0	131	35	51	45	52	65	79	98
2009	0	121	29	49	44	49	61	73	91
2010	0	113	24	46	43	45	56	68	84
2011	0	105	20	43	42	42	52	63	79
2012	0	98	16	41	40	39	49	59	73
2013	0	91	13	39	39	37	46	55	69
2014	0	86	11	37	38	34	43	52	64
2015	0	81	9	35	37	32	40	49	61
2016	0	76	7	33	36	30	38	46	57
2017	0	72	6	31	35	29	36	43	54
2018	0	68	5	29	34	27	34	41	51
2019	0	65	4	27	33	26	32	39	49
2020	0	62	3	26	32	25	31	37	46

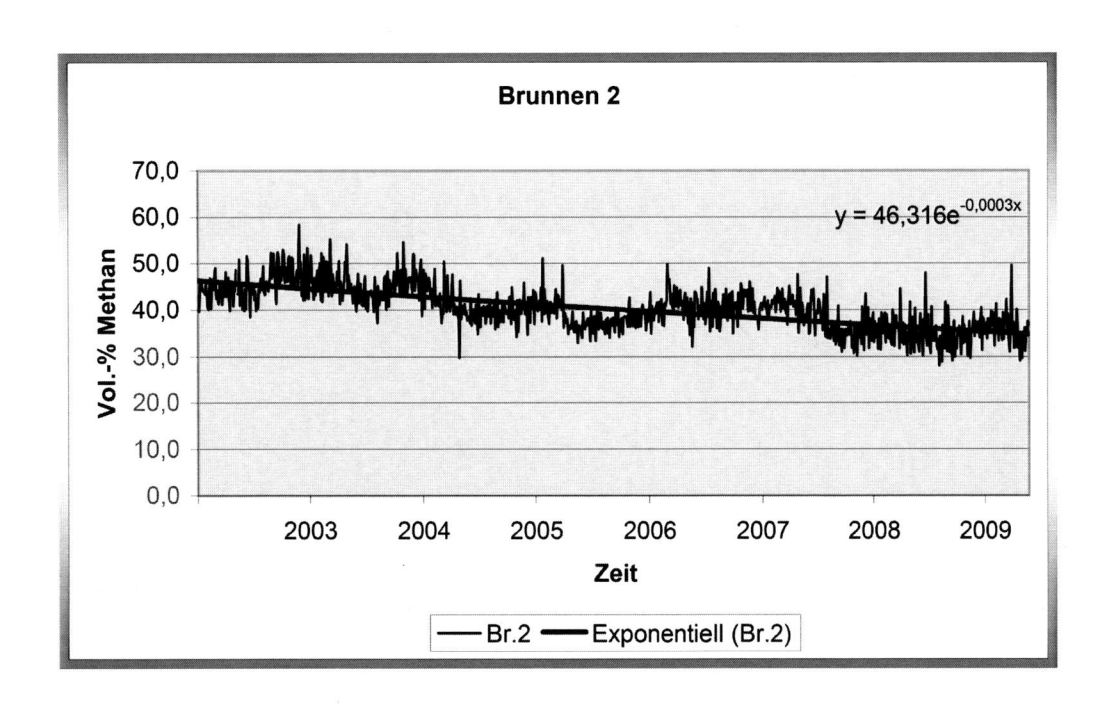

Anlage 3

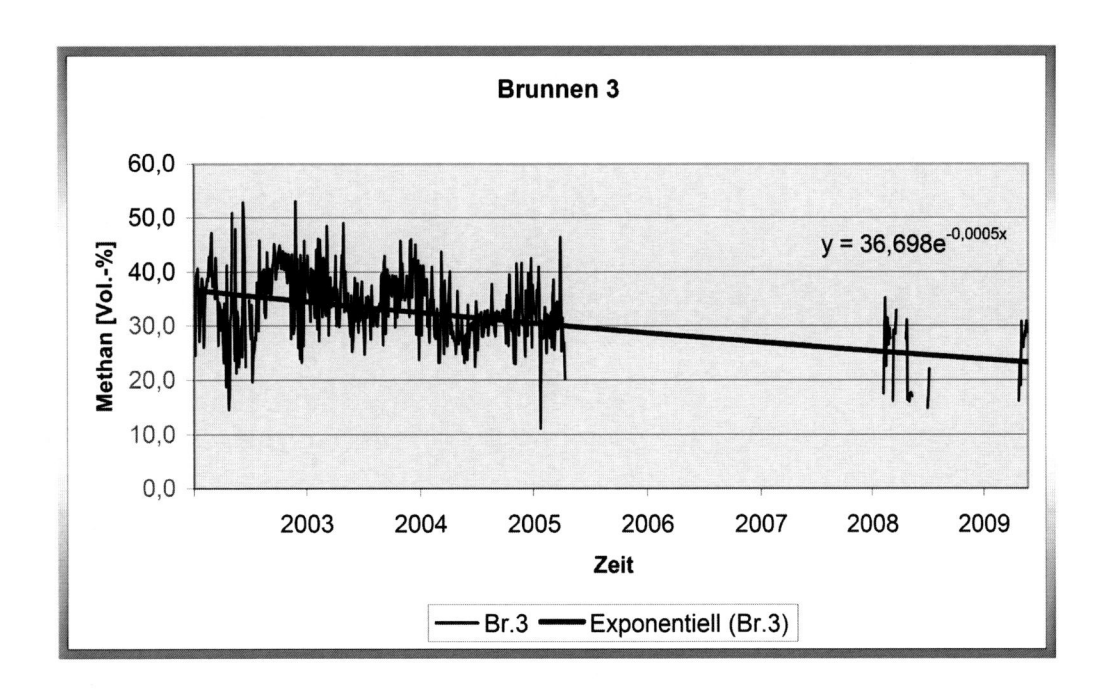

Brunnen 2

$y = 46{,}316e^{-0{,}0003x}$

Brunnen 3

$y = 36{,}698e^{-0{,}0005x}$

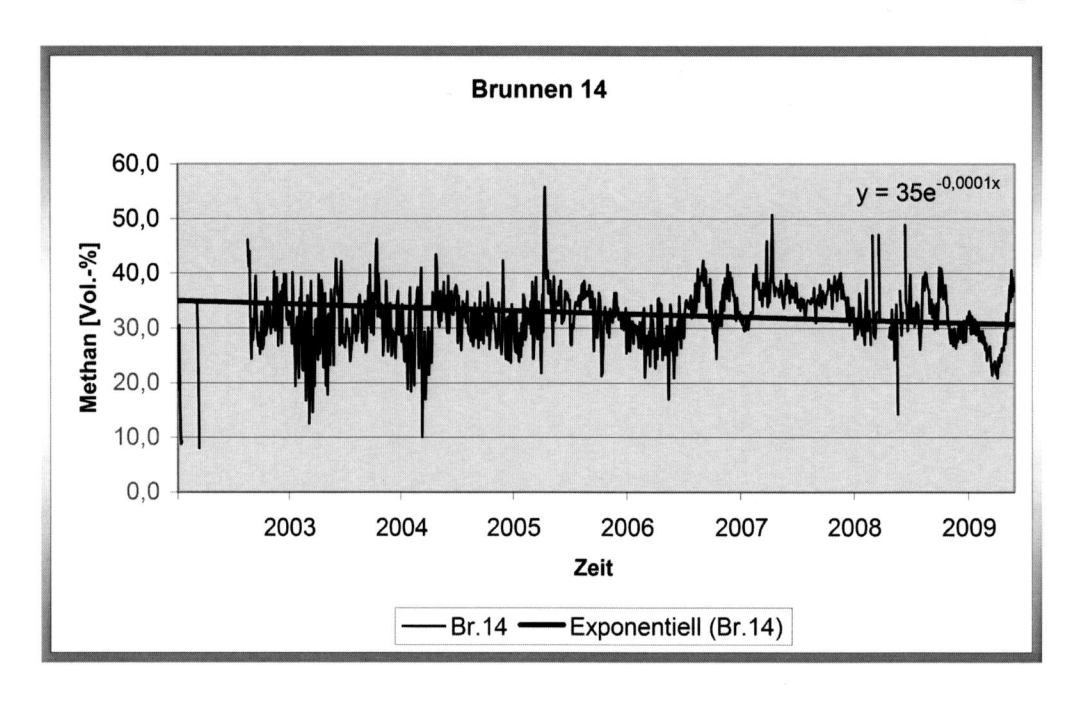

Anlage 3

Brunnen 14

$y = 35e^{-0{,}0001x}$

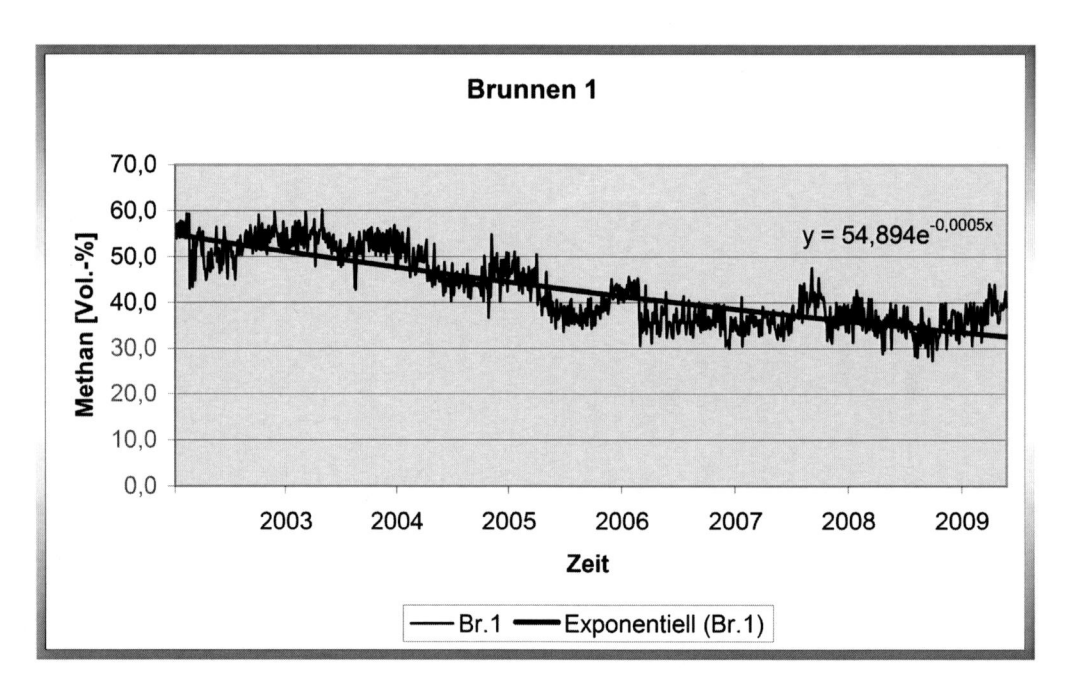

Brunnen 1

$y = 54{,}894e^{-0{,}0005x}$

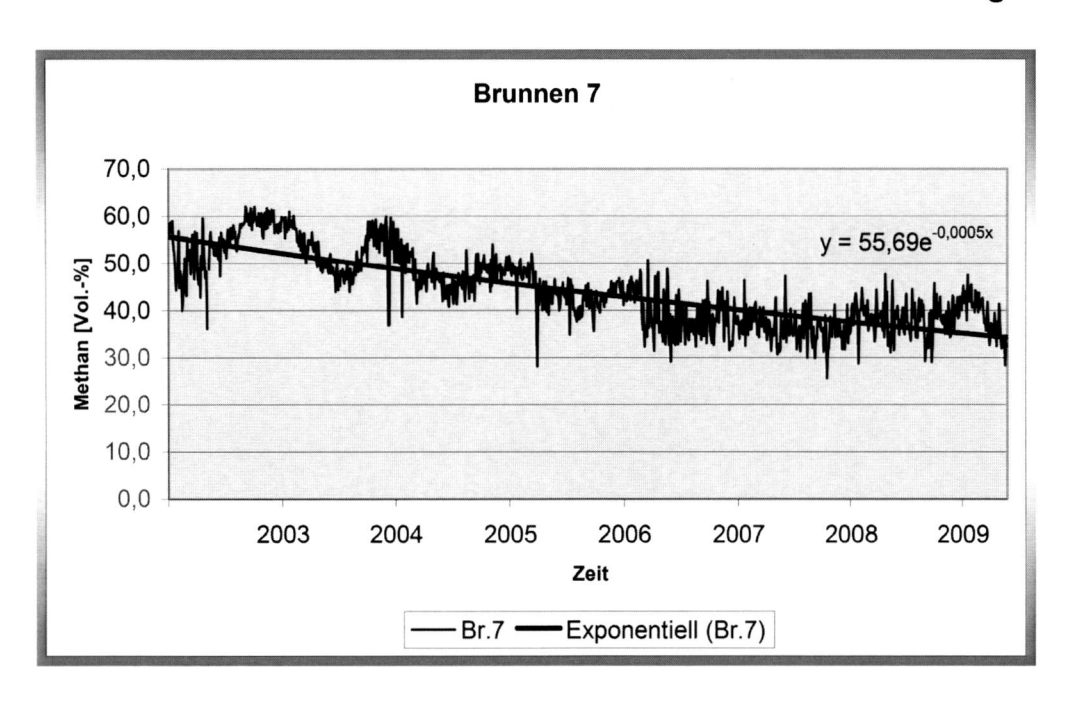

Anlage 3

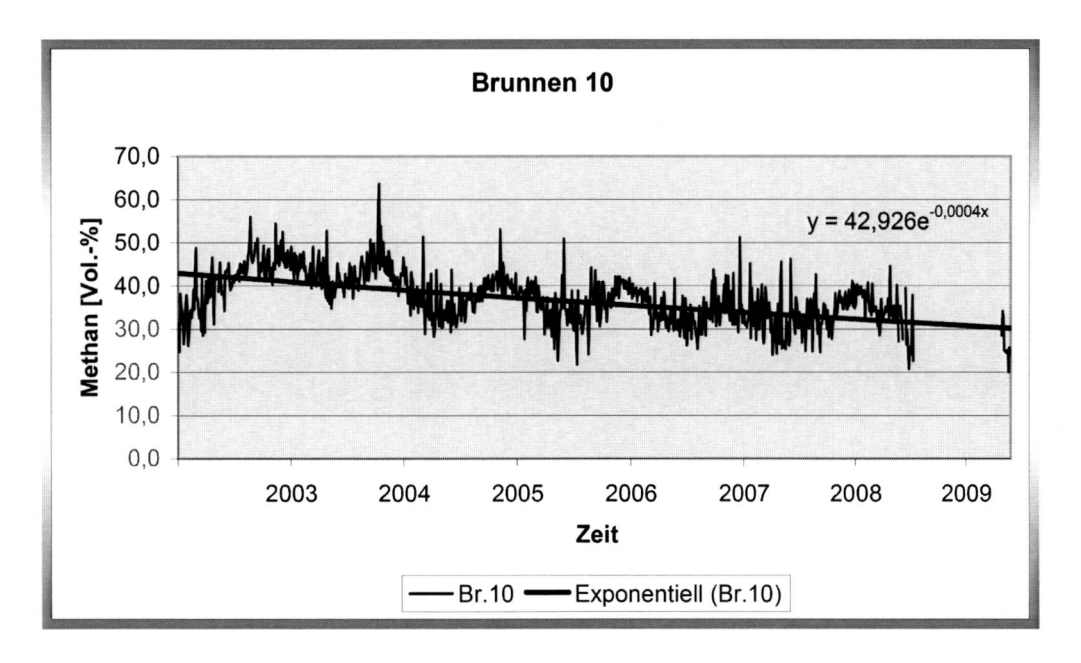

Brunnen 7

$y = 55{,}69e^{-0{,}0005x}$

Brunnen 10

$y = 42{,}926e^{-0{,}0004x}$

Anlage 3

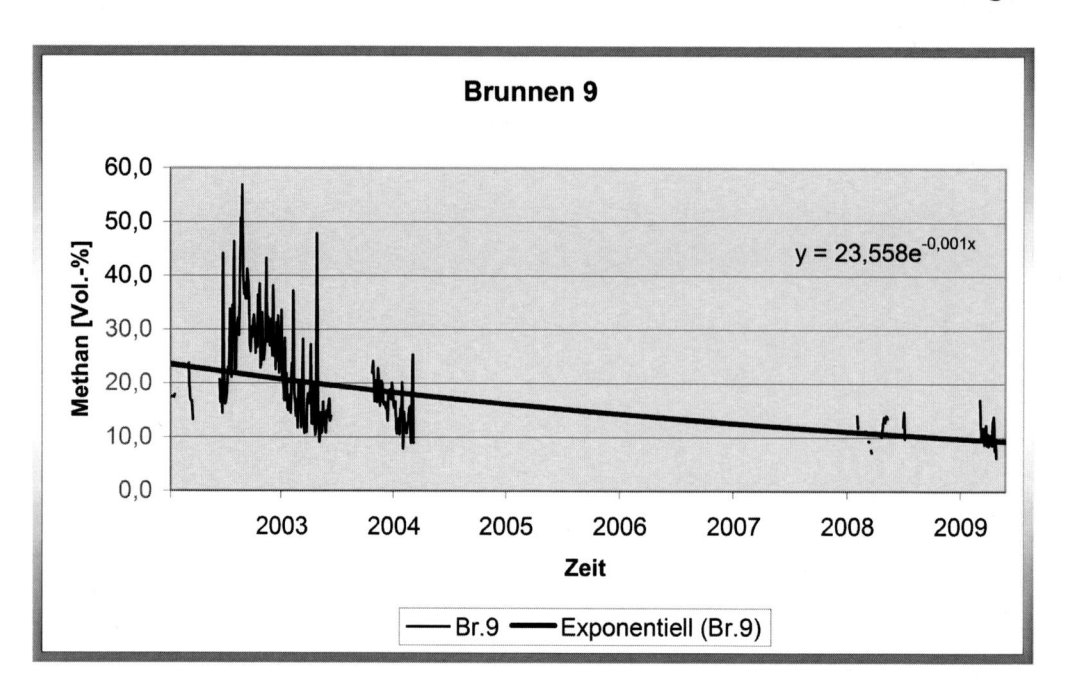

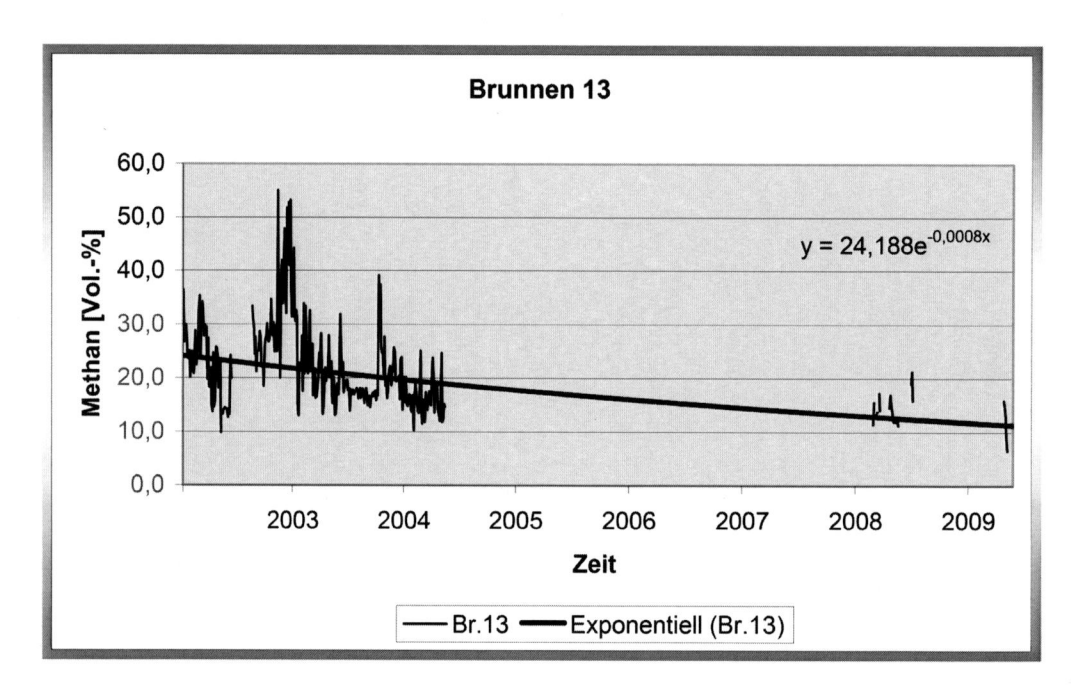

Brunnen 9

$y = 23{,}558e^{-0{,}001x}$

Brunnen 13

$y = 24{,}188e^{-0{,}0008x}$

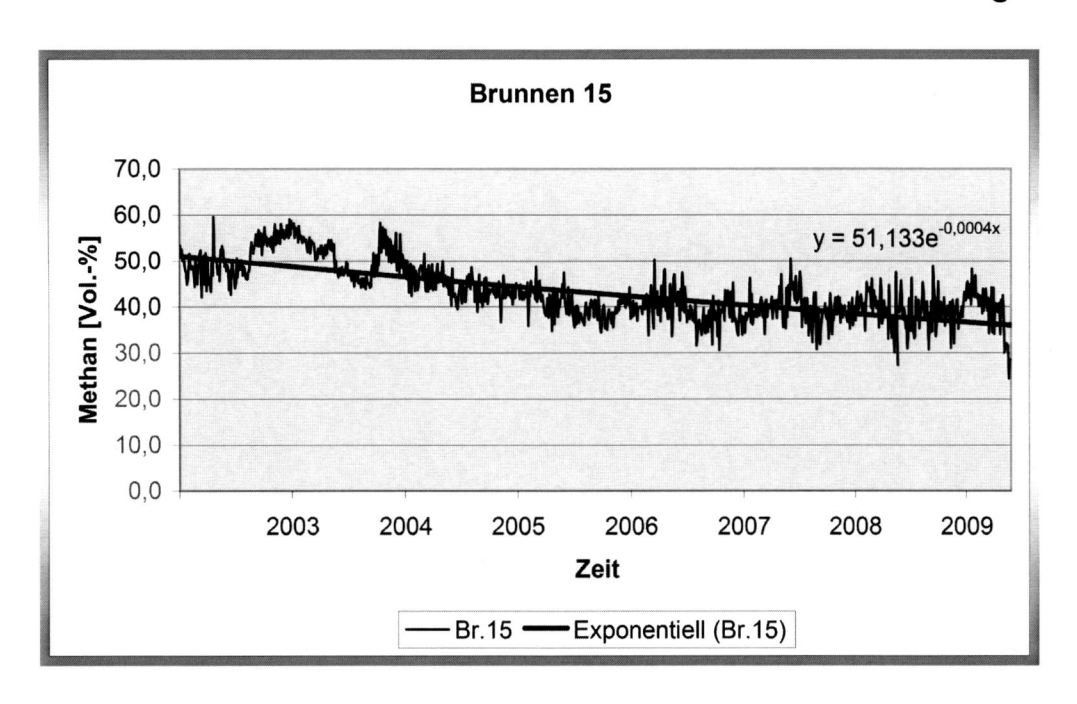

Anlage 3

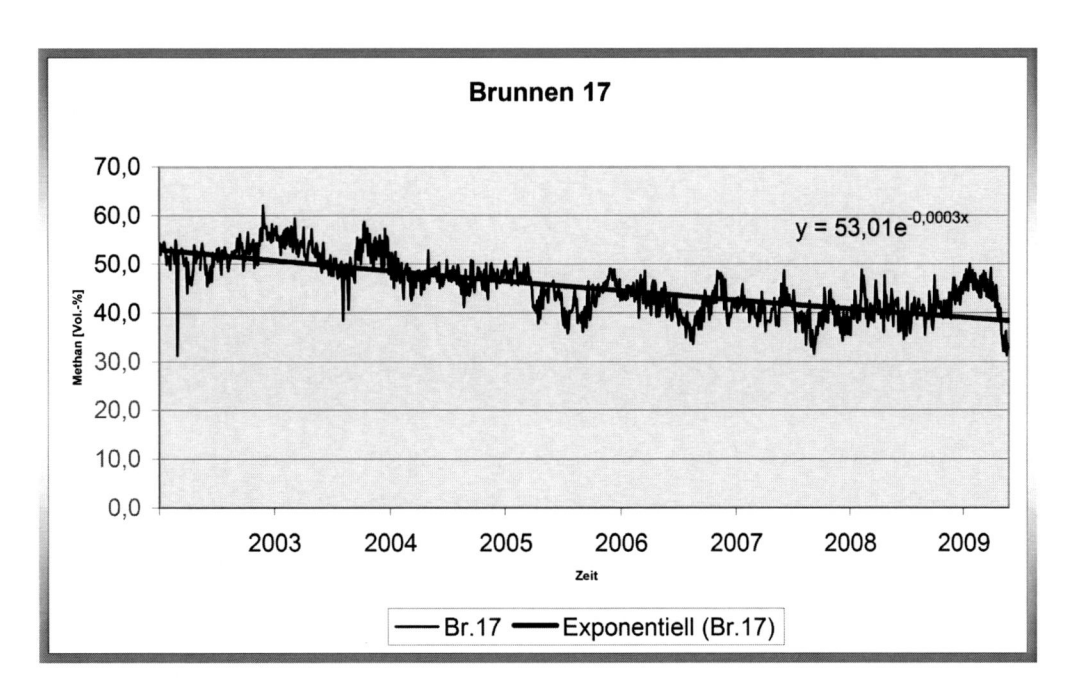

Brunnen 15

$y = 51{,}133e^{-0{,}0004x}$

Brunnen 17

$y = 53{,}01e^{-0{,}0003x}$

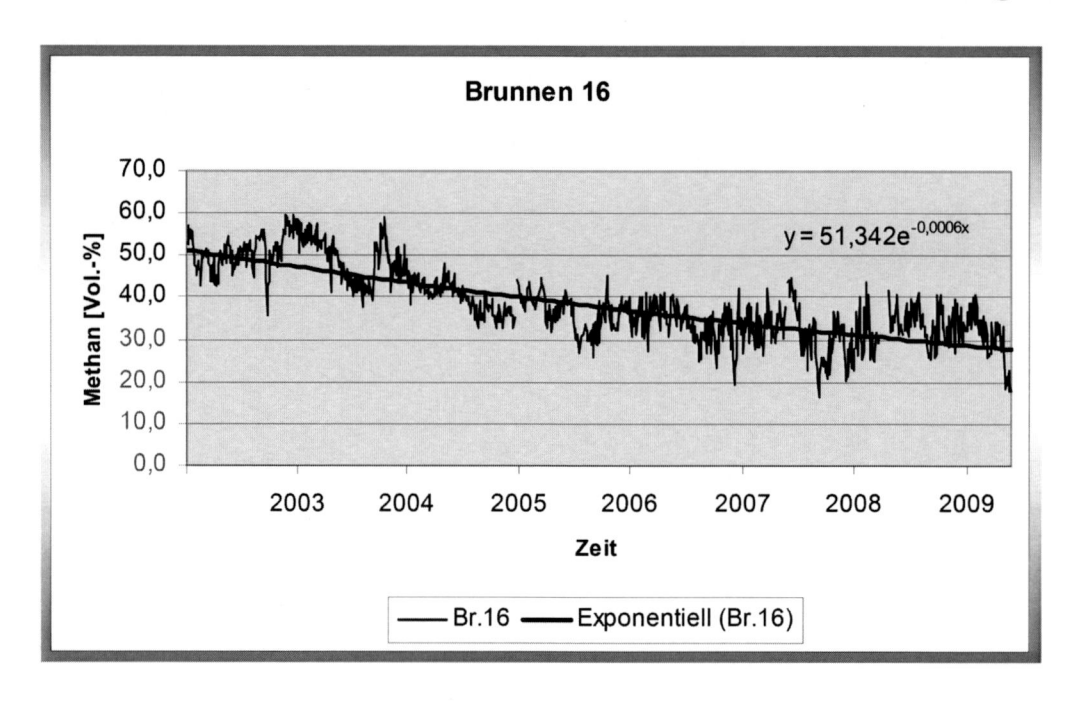

Anlage 3

Brunnen 16

$y = 51{,}342e^{-0{,}0006x}$

— Br.16 — Exponentiell (Br.16)

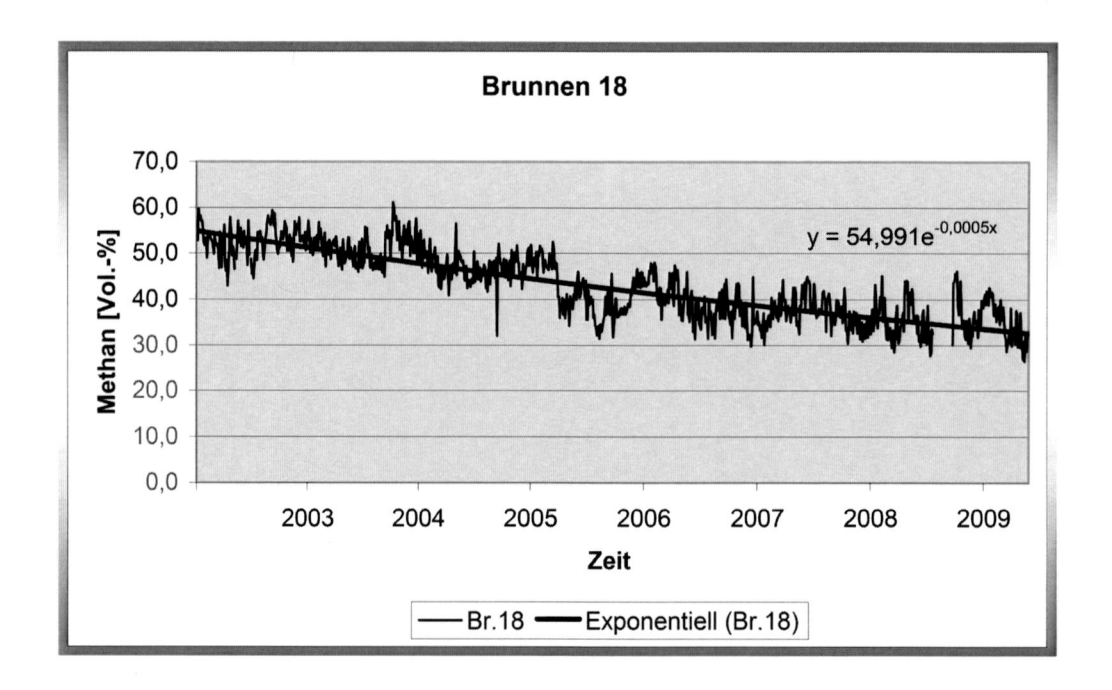

Brunnen 18

$y = 54{,}991e^{-0{,}0005x}$

— Br.18 — Exponentiell (Br.18)

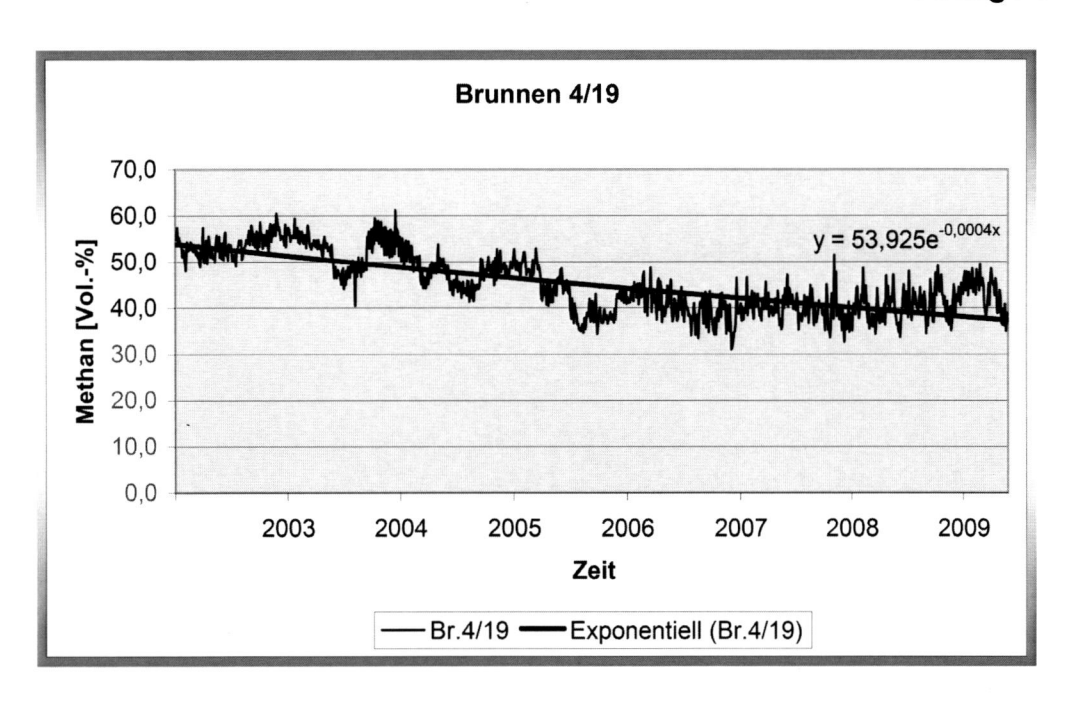

Anlage 3

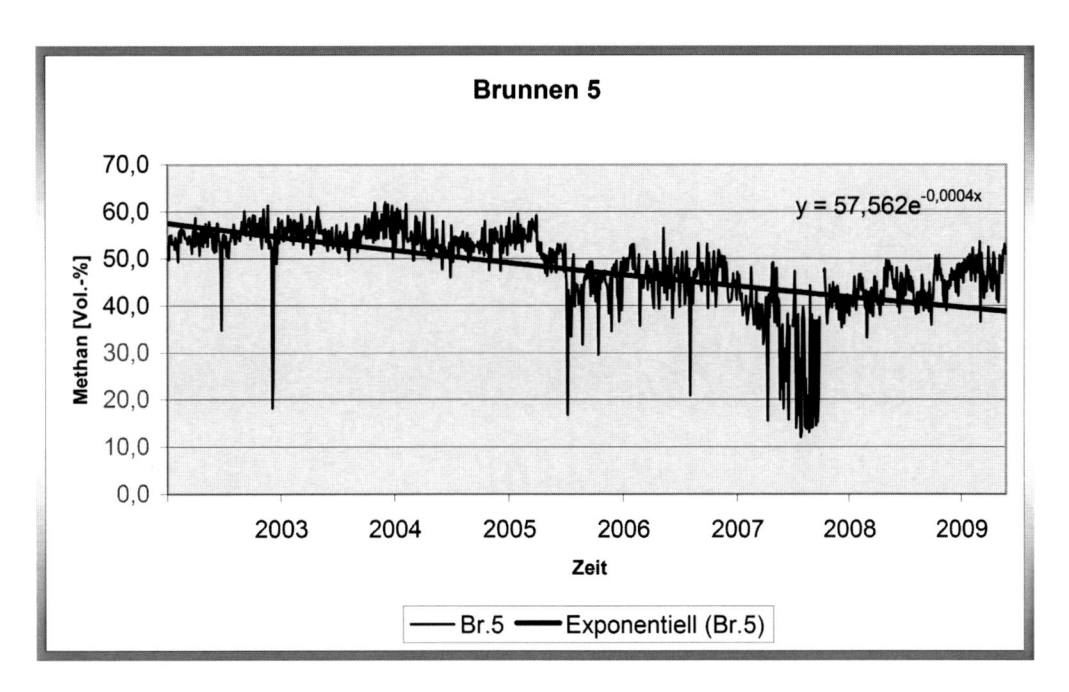

Brunnen 4/19

$y = 53{,}925 e^{-0{,}0004x}$

Brunnen 5

$y = 57{,}562 e^{-0{,}0004x}$

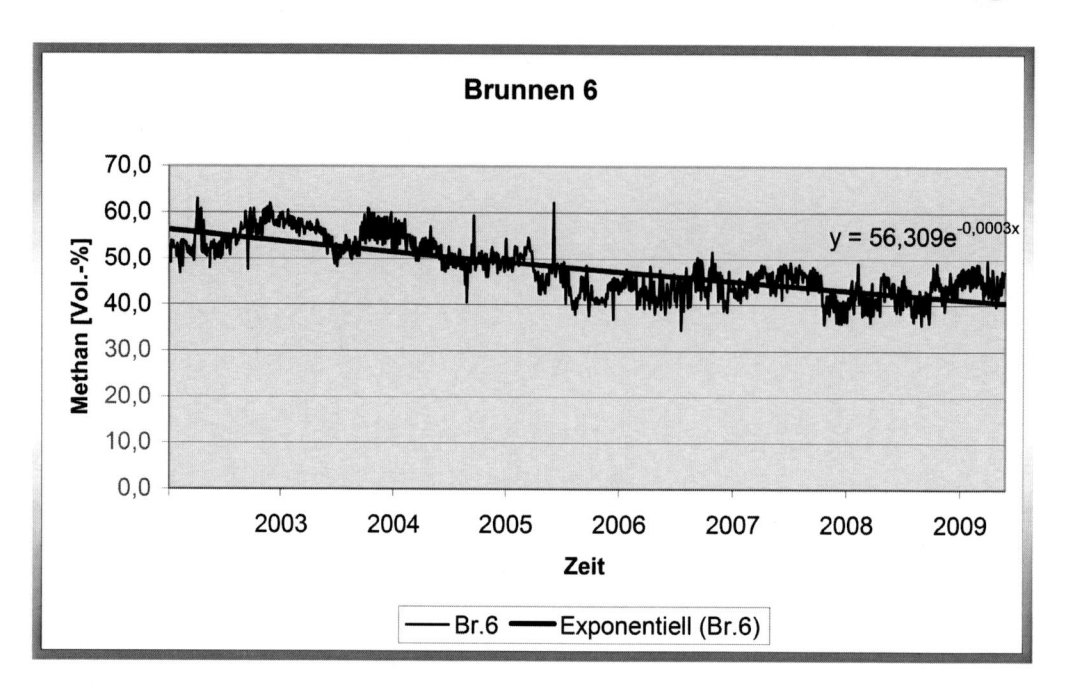

Anlage 3

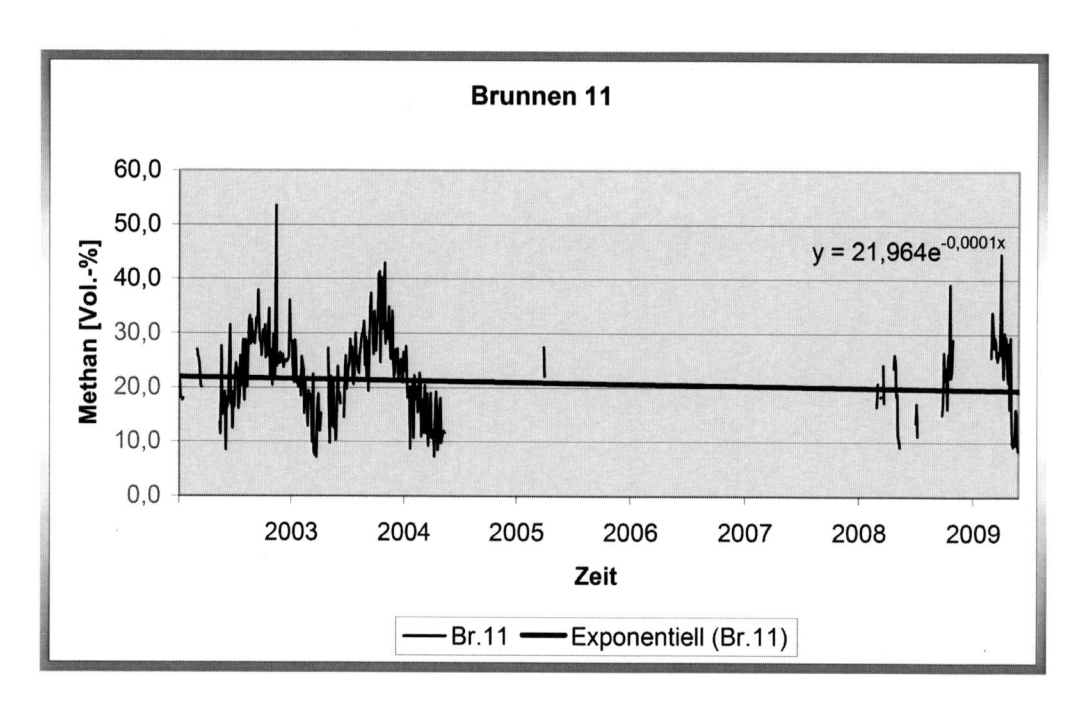

Brunnen 6

$y = 56{,}309e^{-0{,}0003x}$

Brunnen 11

$y = 21{,}964e^{-0{,}0001x}$

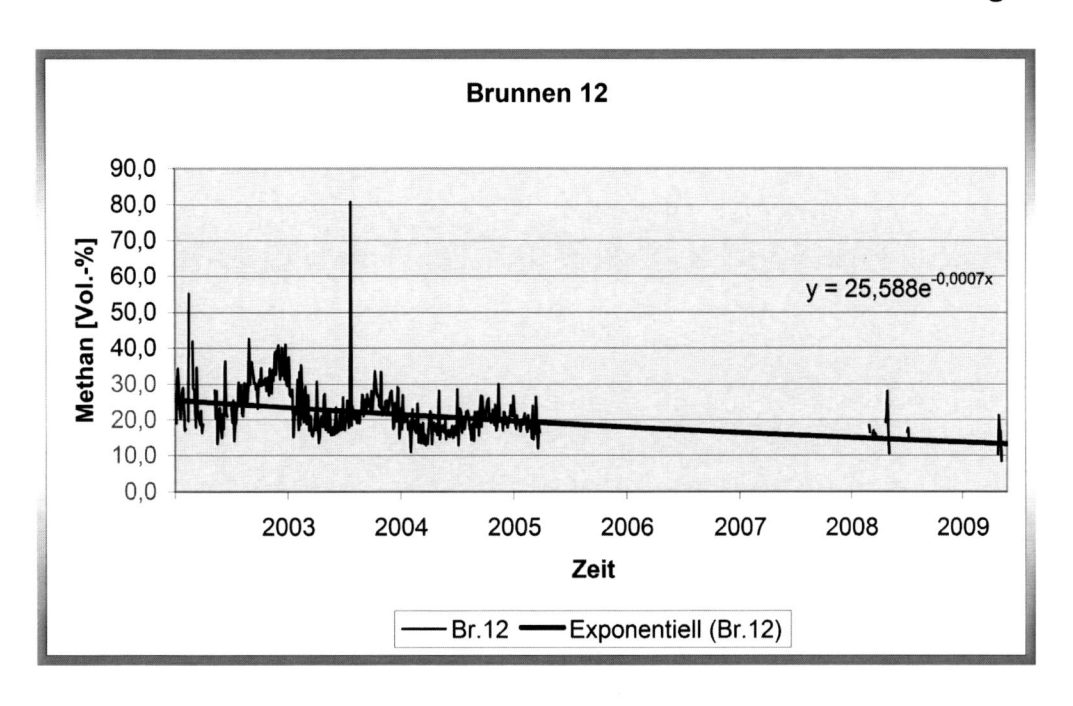

Anlage 3

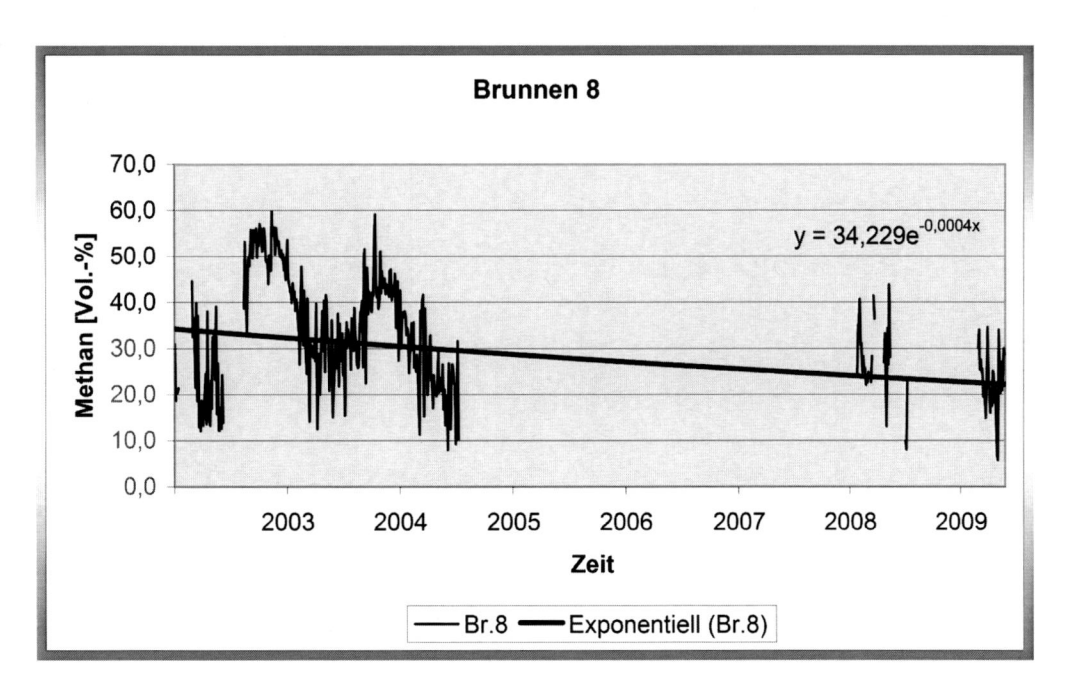

Brunnen 12

$y = 25{,}588 e^{-0{,}0007x}$

Brunnen 8

$y = 34{,}229 e^{-0{,}0004x}$

Anlage 4

	2009		Abbaufaktor	2010		2011		2012		2013		2014		2015		2016		2017		2018		2019	
	CH_4 Vol-%	V		CH_4 Vol-%	V m^3/h	CH_4 Vol-%	V m^3/h	CH_4 Vol-%	V m^3/h	CH_4 Vol-%	V m^3/h	CH_4 Vol-%	V m^3/h	CH_4 Vol-%	V m^3/h	CH_4 Vol-%	V m^3/h	CH_4 Vol-%	V m^3/h	CH_4 Vol-%	V m^3/h	CH_4 Vol-%	V m^3/h
GB 14	31,0	2,8	0,988	30,6	2,8	30,3	2,7	29,9	2,7	29,5	2,7	29,2	2,6	28,8	2,6	28,5	2,6	28,1	2,5	27,8	2,5	27,5	2,5
GB 13	14,3	0,2	0,910	13,0	0,2	11,8	0,2	10,8	0,2	9,8	0,1	8,9	0,1	8,1	0,1	7,4	0,1	6,7	0,1	6,1	0,1	5,6	0,1
GB 15	39,1	7,4	0,950	37,1	7,0	35,3	6,7	33,5	6,3	31,8	6,0	30,3	5,7	28,7	5,4	27,3	5,2	25,9	4,9	24,6	4,7	23,4	4,4
GB 17	42,2	10,7	0,965	40,7	10,3	39,3	10,0	37,9	9,6	36,6	9,3	35,3	9,0	34,1	8,6	32,9	8,3	31,7	8,0	30,6	7,8	29,6	7,5
GB 16	32,4	4,7	0,930	30,1	4,4	28,0	4,1	26,1	3,8	24,2	3,5	22,5	3,3	21,0	3,0	19,5	2,8	18,1	2,6	16,9	2,4	15,7	2,3
GB 12	15,1	0,2	0,920	13,9	0,2	12,8	0,2	11,8	0,2	10,8	0,1	10,0	0,1	9,2	0,1	8,4	0,1	7,7	0,1	7,1	0,1	6,6	0,1
GB 18	35,3	6,5	0,940	33,2	6,1	31,2	5,7	29,3	5,4	27,6	5,1	25,9	4,8	24,4	4,5	22,9	4,2	21,5	4,0	20,2	3,7	19,0	3,5
GB 4/19	42,3	12,6	0,950	40,2	12,0	38,2	11,4	36,3	10,8	34,5	10,3	32,7	9,7	31,1	9,3	29,5	8,8	28,1	8,4	26,7	7,9	25,3	7,5
GB 5	45,7	18,1	0,950	43,4	17,2	41,2	16,3	39,2	15,5	37,2	14,7	35,4	14,0	33,6	13,3	31,9	12,6	30,3	12,0	28,8	11,4	27,4	10,8
GB 6	43,6	15,4	0,965	42,1	14,9	40,6	14,3	39,2	13,8	37,8	13,4	36,5	12,9	35,2	12,4	34,0	12,0	32,8	11,6	31,6	11,2	30,5	10,8
GB 2	35,4	6,4	0,960	34,0	6,1	32,6	5,9	31,3	5,7	30,1	5,4	28,9	5,2	27,7	5,0	26,6	4,8	25,5	4,6	24,5	4,4	23,5	4,3
GB 1	35,9	5,5	0,940	33,7	5,5	31,7	5,1	29,8	4,8	28,0	4,5	26,3	4,3	24,8	4,0	23,3	3,8	21,9	3,5	20,6	3,3	19,3	3,1
GB 7	38,5	6,8	0,940	36,2	6,4	34,0	6,0	32,0	5,6	30,1	5,3	28,3	5,0	26,6	4,7	25,0	4,4	23,5	4,1	22,1	3,9	20,7	3,7
GB 3	24,5	0,4	0,940	23,0	0,4	21,6	0,4	20,3	0,3	19,1	0,3	18,0	0,3	16,9	0,3	15,9	0,3	14,9	0,2	14,0	0,2	13,2	0,2
GB 8	22,0	1,0	0,950	20,9	1,0	19,9	0,9	18,9	0,9	17,9	0,8	17,0	0,8	16,2	0,7	15,4	0,7	14,6	0,7	13,9	0,6	13,2	0,6
GB 9	10,5	0,6	0,890	9,3	0,5	8,3	0,5	7,4	0,4	6,6	0,4	5,9	0,3	5,2	0,3	4,6	0,3	4,1	0,2	3,7	0,2	3,3	0,2
GB 10	26,4	0,4	0,950	25,1	0,4	23,8	0,4	22,6	0,3	21,5	0,3	20,4	0,3	19,4	0,3	18,4	0,3	17,5	0,3	16,6	0,3	15,8	0,3
GB 11	22,8	1,8	0,980	22,3	1,8	21,9	1,7	21,5	1,7	21,0	1,7	20,6	1,6	20,2	1,6	19,8	1,6	19,4	1,5	19,0	1,5	18,6	1,5
Summe		101,8			97,0		92,4		88,1		84,0		80,1		76,3		72,3		69,5		66,3		63,3
gewichteter Mittelwert	39,6	5,7		37,8		36,1		34,4		32,9		31,4		30,0		28,7		27,5		26,3		25,2	
Energiedichte[kW]		403,3			366,5		333,3		303,2		276,0		251,5		229,2		209,1		190,3		174,3		159,2

Anlage 5

	2009		2010		2011		2012		2013		2014		2015		2016		2017		2018		2019	
	CH₄ Vol-%	V m³/h	CH₄ Vol-%	V m³/h	CH₄ Vol-%	V m³/h	CH₄ Vol-%	V m³/h	CH₄ Vol-%	V m³/h	CH₄ Vol-%	V m³/h	CH₄ Vol-%	V m³/h	CH₄ Vol-%	V m³/h	CH₄ Vol-%	V m³/h	CH₄ Vol-%	V m³/h	CH₄ Vol-%	V m³/h
GB 14	31,0	2,8	30,6	2,8	30,3	2,7	29,9	2,7	29,5	2,7	29,2	2,6	28,8	2,6								
GB 13	14,3	0,2																				
GB 15	39,1	7,4	37,1	7,0	35,3	6,7	33,5	6,3	31,8	6,0	30,3	5,7										
GB 17	42,2	10,7	40,7	10,3	39,3	10,0	37,9	9,6	36,6	9,3	35,3	9,0	34,1	8,6	32,9	8,3	31,7	8,0	30,6	7,8	29,6	7,5
GB 16	32,4	4,7	30,1	4,4	28,0	4,1	26,1	3,8	24,2	3,5												
GB 12	15,1	0,2			0,0	0,0																
GB 18	35,3	6,5	33,2	6,1	31,2	5,7	29,3	5,4														
GB 4/19	42,3	12,6	40,2	12,0	38,2	11,4	36,3	10,8	34,5	10,3	32,7	9,7	31,1	9,3	29,5	8,8	28,1	8,4				
GB 5	45,7	18,1	43,4	17,2	41,2	16,3	39,2	15,5	37,2	14,7	35,4	14,0	33,6	13,3	31,9	12,6	30,3	12,0	28,8	11,4	27,4	10,8
GB 6	43,6	15,4	42,1	14,9	40,6	14,3	39,2	13,8	37,8	13,4	36,5	12,9	35,2	12,4	34,0	12,0	32,8	11,6	31,6	11,2	30,5	10,8
GB 2	35,4	6,4	34,0	6,1	32,6	5,9	31,3	5,7	30,1	5,4	28,9	5,2										
GB 1	35,9	5,5	33,7	5,5	31,7	5,1	29,8	4,8	28,0	4,5	26,3	4,3										
GB 7	38,5	6,8	36,2	6,4	34,0	6,0	32,0	5,6	30,1	5,3	28,3	5,0										
GB 3	24,5	0,4	23,0	0,4	21,6	0,4																
GB 8	22,0	1,0	20,9	1,0	21,9	1,7																
GB 9	10,5	0,6																				
GB 10	26,4	0,4	25,1	0,4	23,8	0,4	22,6	0,3														
GB 11	22,5	1,8	22,3	1,8																		
Summe		101,8		96,1		90,7		84,5		75,1		68,4		46,2		41,8		40,0		30,3		29,1
gewichteter gewichteter Mittelwert	39,6		38,0		36,5		35,1		34,0		33,0		33,3		32,2		30,8		30,3		29,1	
Energiedichte [kW]	403,3		365,5		330,7		296,6		255,3		225,5		154,2		134,5		123,4		92,0		84,7	